U0171142

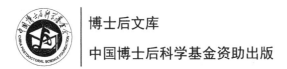

博士后文库

中国博士后科学基金资助出版

碳纳米材料的结构及其力学

王　超　著

科学出版社

北　京

内 容 简 介

本书以碳纳米材料构筑而成的跨尺度材料为研究对象，主要包括螺旋卡拜纤维、碳纳米管纤维、碳纳米管薄膜、碳纳米管剪裁结构以及氧化石墨烯基薄膜/空心球混杂体。采用先进的力学测试技术(包括原位力学测试技术与宏观力学测试技术)结合理论预测方法(包括分子模拟与连续理论)对这类材料的力学性质以及失效机制进行了深入探讨。

本书可供高等院校和科研机构等力学和材料专业相关科研人员阅读。

图书在版编目（CIP）数据

碳纳米材料的结构及其力学/王超著. —北京：科学出版社，2022.3
（博士后文库）
ISBN 978-7-03-071527-2

Ⅰ. ①碳⋯　Ⅱ. ①王⋯　Ⅲ. ①碳−纳米材料−结构力学　Ⅳ. ①TB383

中国版本图书馆 CIP 数据核字（2022）第 028213 号

责任编辑：贾　超　孙静惠 / 责任校对：杜子昂
责任印制：吴兆东 / 封面设计：陈　敬

科学出版社 出版
北京东黄城根北街 16 号
邮政编码：100717
http://www.sciencep.com

北京中石油彩色印刷有限责任公司 印刷
科学出版社发行　各地新华书店经销

*

2022 年 3 月第 一 版　开本：720×1000　1/16
2023 年 1 月第二次印刷　印张：11
字数：210 000

定价：98.00 元
（如有印装质量问题，我社负责调换）

《博士后文库》编委会名单

《博士后文库》序言

　　1985 年，在李政道先生的倡议和邓小平同志的亲自关怀下，我国建立了博士后制度，同时设立了博士后科学基金。30 多年来，在党和国家的高度重视下，在社会各方面的关心和支持下，博士后制度为我国培养了一大批青年高层次创新人才。在这一过程中，博士后科学基金发挥了不可替代的独特作用。

　　博士后科学基金是中国特色博士后制度的重要组成部分，专门用于资助博士后研究人员开展创新探索。博士后科学基金的资助，对正处于独立科研生涯起步阶段的博士后研究人员来说，适逢其时，有利于培养他们独立的科研人格、在选题方面的竞争意识以及负责的精神，是他们独立从事科研工作的"第一桶金"。尽管博士后科学基金资助金额不大，但对博士后青年创新人才的培养和激励作用不可估量。四两拨千斤，博士后科学基金有效地推动了博士后研究人员迅速成长为高水平的研究人才，"小基金发挥了大作用"。

　　在博士后科学基金的资助下，博士后研究人员的优秀学术成果不断涌现。2013 年，为提高博士后科学基金的资助效益，中国博士后科学基金会联合科学出版社开展了博士后优秀学术专著出版资助工作，通过专家评审遴选出优秀的博士后学术著作，收入《博士后文库》，由博士后科学基金资助、科学出版社出版。我们希望，借此打造专属于博士后学术创新的旗舰图书品牌，激励博士后研究人员潜心科研，扎实治学，提升博士后优秀学术成果的社会影响力。

　　2015 年，国务院办公厅印发了《关于改革完善博士后制度的意见》（国办发〔2015〕87 号），将"实施自然科学、人文社会科学优秀博士后论著出版支持计划"作为"十三五"期间博士后工作的重要内容和提升博士后研究人员培养质量的重要手段,这更加凸显了出版资助工作的意义。我相信,我们提供的这个出版资助平台将对博士后研究人员激发创新智慧、凝聚创新力量发挥独特的作用,促使博士后研究人员的创新成果更好地服务于创新驱动发展战略和创新型国家的建设。

祝愿广大博士后研究人员在博士后科学基金的资助下早日成长为栋梁之才,为实现中华民族伟大复兴的中国梦做出更大的贡献。

中国博士后科学基金会理事长

前　　言

　　碳纳米材料(包括卡拜、碳纳米管、石墨烯等)不仅拥有独特的纳米结构，还具有质轻、比表面积大以及优异的机械性能和其他多功能性质，在高新技术领域有着广泛的潜在应用，正快速地推动着社会的发展和进步。然而这类碳材料尺寸微小，难以对其进行实际应用，限制了它们的进一步发展。近些年，众多科研工作者已经达成共识，认为解决这一难题的可行路径是将这些碳纳米材料通过先进的结构设计-功能-应用一体化设计理念组装成尺寸达到宏观级别的跨尺度材料，尽最大可能发挥碳纳米材料自身优异的性能。然而到目前为止，在这类碳材料的结构设计-功能-应用一体化研究中仍然存在着很多关键科学问题。一方面，以这类碳纳米材料构筑成宏观体的基础为界面搭接，而自然情况下碳纳米材料之间为较弱的范德华作用，构筑结构的机械性能较弱，因而如何提高其内部界面应力传递效率是结构设计需要考虑的一个关键点，另外，揭示其界面力学增强和失效机制也是研究的重中之重，而目前在这类界面力学性能方面的研究手段仍不完善(包括测试技术及理论模型)；另一方面，这类跨尺度材料的内部结构与其宏观性能之间有着非常紧密的联系，然而目前对于这种内在关联的理解和认识非常浅显，相关理论预测模型普适性不高。基于上述一些有待解决的科学问题，作者近些年开展了系统的研究工作，获得了较为丰富的研究成果。在本书中，作者以卡拜、碳纳米管以及石墨烯为研究对象，设计并制备了一系列先进的跨尺度碳纳米材料，并采用先进的原位力学测试技术结合分子动力学模拟方法和连续理论研究了其内部界面力学特性和宏观力学性能，在此基础上，提出了这类碳纳米材料的一些潜在应用。

　　本书内容以作者博士后在站期间的工作积累为主，也包括在站期间指导的博士研究生赵予顺的一些工作总结。衷心感谢博士后合作导师赫晓东教授多年来的信任与支持，感谢团队老师隋超副教授在撰写此书过程中提出的宝贵建议，感谢哈尔滨工业大学博士后管理办公室老师以及中国博士后管理办公室老师在日常生活中的关照，感谢博士后期间国外合作导师楼俊教授在科研上的指导与帮助，感谢我所带的团队的每位研究生对我的大力支持和理解，最后感谢我的爱人、我的父母、我的岳父母及其他家人对我默默的支持和关怀！

衷心感谢中国博士后科学基金特别资助项目和面上项目(2015T80345、2014M561346)、国家自然科学基金面上项目和青年科学基金项目资助(11872164、11402065)。

由于时间和水平有限，书中难免有不足之处，有很多方面有待于提高，欢迎读者批评指正，提出宝贵意见。

王　超

2022 年 3 月

目　　录

第1章 绪 论

1.1 引 言

随着社会的不断发展，人们对于轻质高强材料的需求日益增长。传统碳纤维作为高新技术下驱动而成的超强材料，为对材料的强度、密度、稳定性等性能要求极其严苛的航空航天以及国防等领域的发展奠定了坚实的基础。然而，目前碳纤维的力学性能逐渐接近其理论极限并且相关制备难度和成本急速上升，在不远的将来可能很难满足高新技术对材料性能的需求。近年来，卡拜、碳纳米管、石墨烯等碳纳米材料由于其极高的理论强度而备受青睐。通过不同的制备方法，人们获得了具有不同宏观形貌的碳纳米材料，并且研究发现碳纳米材料在多个领域中具有非常广阔的应用前景。因此，为了进一步推动碳纳米材料在工程实际当中的应用，采用理论分析的方法，基于跨尺度的概念，系统分析结构内部的增强机理、优化材料拓扑结构、提升其力学性能具有极其重要的意义。

1.2 碳纳米材料研究进展

1.2.1 碳纳米材料的制备

近年来，具有独特的准一维、二维结构的碳纳米材料如卡拜、碳纳米管、石墨烯等，由于其优异的力学、热学以及电学性能而受到了专家学者们的广泛关注[1-3]。众所周知，纳米材料的形态、尺寸对其性能以及潜在应用有很大影响，因此碳纳米材料的合成方法已成为碳纳米科学和纳米技术十分重要的一部分，并为研究碳纳米材料的多功能性质和应用奠定了基础[4]。本节将对几种典型的碳纳米材料的制备工艺进行简要的概括与总结。

1. 卡拜的制备

20 世纪 80 年代，一种新型的能够稳定存在的单原子卡拜结构被人们在宇宙尘埃和陨石中发现[5, 6]，理论上卡拜存在两种分子结构，分别为 Cumulene 型和 Polyyne 型，Cumulene 型卡拜中碳原子由碳-碳双键连接，Polyyne 型卡拜中碳原子由碳-碳单键和碳-碳三键交替连接。近年来，人们为了获得这种具有十分优异物理化学性质的一维链状结构投入了大量的精力，目前制备卡拜的方法总体上可分为物理方法和化学方法两大类[7,8]。

制备卡拜的物理方法主要为物理蒸气沉积方法，其主要原理为利用放电或者激光烧蚀产生碳蒸气或等离子体，随后采用惰性气体或者液体对其淬火从而产生不稳定的碳原子集群，这种碳原子集群沉积到基体上便会形成卡拜结构。基于获得等离子体的方式不同，制备卡拜的方法主要有超声速集群束沉积法[9]、激光蒸发方法[10,11]、飞秒激光烧蚀石墨法[12,13]。采用上述方法获得的产物主要以薄膜的形式附着在基体上，分析发现，薄膜中 sp 杂化碳原子基团的比例可达 40%，表明薄膜内部存在大量的卡拜结构[14-16]。

制备卡拜的化学反应主要有乙炔脱水缩聚反应、卤化物缩聚反应、聚合物的脱卤化氢反应以及乙炔基的二聚反应[17-19]。基于乙炔脱水缩聚反应、卤化物缩聚反应以及聚合物的脱卤化氢反应方法，通过一次化学反应便可获得卡拜结构，但整个反应过程受合成方案的限制，从而使得制成的卡拜多为分散的，相关产物的状态表征也存在一定的挑战性。当利用乙炔基的二聚反应制备卡拜时，能够指定卡拜的长度和端部官能团[7,8,20,21]。虽然使用化学方法能够大量制备卡拜结构，但在化学反应过程中，其组分过于复杂，并且副产物较多，生产效率也很低。近年来，人们主要还是采用物理方法来制备卡拜结构，物理方法的制备工艺更加简单，并且可以一步直接合成高纯度的卡拜样品。然而，受当前实验技术的限制，目前大量制备超长卡拜结构仍存在诸多挑战[7-11]，因而针对卡拜纤维结构的研究无论是从理论还是实验角度目前仍处于起步阶段。

2. 碳纳米管的制备

碳纳米管是碳的同素异形体，可以被视为由蜂窝状碳六元环管壁(石墨烯片)卷起的无缝圆柱体，于 1991 年由 Iijima 等[22]使用电弧放电技术发现，并使用高分辨率透射电子显微镜对这些碳纳米管进行表征。单壁碳纳米管(SWCNT)可视为由一个石墨烯片卷曲而成，而多壁碳纳米管(MWCNT)可视为由多个石墨烯片卷曲而成。根据六边形沿着轴向的排列取向不同，碳纳米管可分为之字型、扶手椅型和螺旋型三种不同类型，可使用手性指数(n, m)指定其结构[23]。

生产碳纳米管最常用的方法是电弧放电法[24,25]、激光烧蚀法[26,27]和化学气相沉积法[28]。电弧放电法是制备碳纳米管最简单的方法，这种方法通过两个碳棒在充满惰性气体的氛围中进行电弧蒸发来制造碳纳米管[25]，该方法生成的碳纳米管的产率、纯度和质量取决于惰性气体的性质和压力。然而，该技术会产生大量复杂的成分，通常需要进一步纯化将碳纳米管与杂质分离。与电弧放电法类似，激光烧蚀法同样是在惰性气体(如氦气)的存在下进行碳纳米管的生长，在该技术中脉冲激光照射在高温反应器中的石墨靶上，使石墨靶蒸发，生成的碳纳米管被冷凝并收集[27]。虽然该方法能够生产高质量的碳纳米管，但是该方法的缺点是生产激光成本高，而且由于需要非常大的石墨靶，因此大规模生产不可行。相比于电弧放电法和激光烧蚀法，化学气相沉积法已被证明是大规模生产碳纳米管的首选方法[29]。化学气相沉积法是在高温炉中借助负载型过渡金属催化剂将碳源催化分解为活性原子碳之后，在衬底上进行化学反应生成碳纳米管。该方法具有碳纳米管产量高、温度要求较低以及可在常压下进行的优点，这使得该过程成本低且易于实验室应用[30]。此外，化学气相沉积法允许控制所生产的碳纳米管的形态和结构，并且可以制备具有定向排列结构的碳纳米管[31, 32]。然而该方法也有一定的缺点，如制备的碳纳米管具有结构缺陷以及需要长时间的生长过程[29]。此外，诸如气相生长法[33]和浮动催化剂法[34]等方法也可实现高质量、高纯度碳纳米管的生长。

3. 石墨烯的制备

石墨烯在 2004 年由 Novoselov 等[35]成功制备，具有由碳六元环组成的单层蜂窝状结构。石墨烯具有杂化的 sp^2 键，面内碳原子之间通过 σ 共价键连接，p_z 轨道上未成键的电子形成的大 π 键垂直于该平面，这种独特的键合方式使石墨烯具有独特的电学和力学特性[36]。

石墨烯的制备方法主要分为以下五类：机械剥离法[35, 37]、外延生长法[38]、化学气相沉积法[39-41]、溶剂中剥落石墨法[42]以及其他类型的方法[43-45]。机械剥离法使用机械能或化学能来破坏石墨烯片之间的弱相互作用，并将单个石墨烯片与其他石墨烯片分离。透明胶带法是一种十分流行的机械裂解方法，通过对高度取向的热解石墨进行重复机械剥离便可获得石墨烯结构[35]。然而该方法无法大规模生产石墨烯，且在此过程中会产生大量石墨碎片或薄片。获得石墨烯的另一种方法是在低压以及高温的条件下，在单晶碳化硅(SiC)表面进行外延石墨烯的生长[42]。然而该方法在一定程度上受到晶体尺寸以及石墨烯转移困难的限制。化学气相沉积已成为制备和生产用于各种应用的大面积高质量石墨烯的重要方法。含碳气体在某些金属(催化剂)表面化学气相沉积，该方法中金属衬底的质量及其预处理方法(抛光)对石墨烯的生长及质量特别重要。目前，在铜箔金属衬底表面已经可生长大尺寸的单层石墨烯[39]以及连续的单层石墨烯薄膜[40]。近年来，研究者也相继开发了无底物气相合成以及电弧放电等较为新颖的合成方法[46, 47]。然而开发一种简单、高效、可重复并且合成温度较低的方法制备高质量、大面积的石墨烯仍然是一个挑战。

对于氧化石墨烯，通常使用片状石墨作为起始材料，并利用各种强化学氧化剂来合成氧化石墨烯(GO)。一般来说，氧化石墨烯是通过 Brodie 法、Staudenmaier

法、Hummers 法以及相应的改进方法制备而成的[48]。Brodie 法和 Staudenmaier 法用氯酸钾(KClO$_3$)和硝酸(HNO$_3$)混合之后对石墨进行氧化，而 Hummers 法使用高锰酸钾(KMnO$_4$)和硫酸(H$_2$SO$_4$)处理石墨，该方法反应时长较短且不会产生有害的气体(二氧化氯)，是目前最常用的一种方法[49]。由于氧化石墨烯表面有许多含氧活性基团(环氧基、羟基和羧基等)，氧化石墨烯相比石墨烯更具有亲水性，在多种溶剂特别是在水中尤其容易分散[50, 51]。

鉴于碳纳米材料成熟的制备方法、独特的力学特性，采用多种不同的制备方法构筑宏观尺度下的纤维、薄膜以及块体结构，将在最大程度上发挥碳纳米材料的优势。对碳纳米材料本身及其复合材料的力学性能以及结构进行探究，对其广泛的应用有着深远的影响。

1.2.2 碳纳米材料的力学性能及其多功能应用

1. 卡拜力学性能

目前由于实验上获得卡拜结构仍具有很大挑战，因此科研工作者们首先采用理论分析方法探究了卡拜结构的力学性能[52-55]。例如，基于第一性原理方法，Timoshevskii 等[52]揭示了 Cumulene 型卡拜的力学性能与原子数之间的关系，研究发现，当原子数较少时，原子数为奇数的卡拜断裂强度高于原子数为偶数的卡拜，但相比于原子数为偶数的卡拜，原子数为奇数的卡拜更易发生断裂，当碳原子数超过 10 时，卡拜的力学性能与原子数的奇偶关系不大。需要指出的是，基于第一性原理分析，碳原子数为 5 的卡拜的断裂强度最高，可达 417 GPa，远高于常见的工程材料。同样基于第一性原理分析方法，Liu 等[53]探究了卡拜在拉伸、弯曲以及扭转变形情况下的力学响应，研究发现，在拉伸载荷作用下，卡拜的断裂强度高达 7.5×10^7 N·m/kg，然而需要指出的是，由于卡拜由单个碳原子互相连接而成，因此卡拜的扭转刚度几乎为 0。此外，基于能量分析的方法计算得到卡拜的弯曲刚度为 3.56 eV·Å。另外，人们采用分子动力学模拟方法探究了卡拜的力学性能，研究发现，Polyyne 型卡拜的弹性模量高达 288 GPa，并且短卡拜的振动频率高达 6 THz[54]。值得注意的是，通过分子动力学模拟发现，当温度达到 499 K以上时，Cumulene 型卡拜会发生相变成为 Polyyne 型卡拜，在这一过程中，碳-碳共价键由双键变为单键和三键，因而需要克服一定的能垒，使得 Cumulene 型卡拜的断裂强度高达 590 GPa，杨氏模量为 1753 GPa。

2. 碳纳米管力学性能及潜在应用

对于碳纳米管，其具有极高的强度、模量和断裂韧性。人们分别采用理论分析和实验测量的方法分析了碳纳米管的力学性能。Belytschko 等[56]通过分子动力学模拟单壁碳纳米管拉伸过程，发现碳纳米管的局部断裂位置是比较随机的，但是强度的变化不大。理论预测碳纳米管的断裂强度为 93 GPa ± 1 GPa，杨氏模量可达 1.10 TPa ± 0.1 TPa，断裂应变为 15.8% ± 0.3%。此外，Duan 等[57]提出了一种基于修正的 Morse 势和 REBO 势建立的非线性分子力学模型，基于该模型分析得出，锯齿形碳纳米管的断裂强度为 134.01 GPa，断裂应变为 43%。对于碳纳米管的弯曲行为，Duan 等[58]通过分子动力学模拟方法发现，随着弯曲角度的增大，碳纳米管呈现出从均匀弹性弯曲到局部屈曲的转变，并且碳纳米管的厚度和直径大小对屈曲模式均有影响。另外，Treacy 等[59]首先利用透射电镜原位测量的方法，发现碳纳米管的杨氏模量可达 1 TPa。随后，Demczyk 等[60]在透射电镜下对多壁碳纳米管进行了原位拉伸实验，测量得到其断裂强度为 150 GPa，杨氏模量为 0.9 TPa，并且在断面没有明显的径向收缩。Zhu 和 Espinosa[61]通过一种新型的材料原位力学测试系统测量得到多壁碳纳米管的断裂强度为 15.84 GPa，原子图像显示，在塑性加载阶段碳纳米管晶体结构会转变为无定形碳。Kuzumaki 等[62]在透射电镜下对碳纳米管进行了原位弯曲实验，观察到碳纳米管在弯曲过程中发生了塑性变形，且发生弯曲变形是由于碳的圆柱形网络的压缩侧发生屈曲，表明碳纳米管具有很好的柔韧性。碳纳米管除了具备超强的力学性能，其电学、热学性能同样十分优异，研究发现，碳纳米管的电导率高达 $1 \times 10^6 \sim 2 \times 10^6$ S/cm、导热率高达 $3000 \sim 3500$ W/(m·K)[63-66]。并且通过实验方法制备出的单根碳纳米管长径比非常大，直径通常为几到几十纳米，而长度可达微米级甚至米级。因而碳纳米管十分适合用来制备宏观大尺度材料。目前，基于碳纳米管结构，人们制备出了多种不同形态的宏观材料，如碳纳米管薄膜[67, 68]、巴基纸[69]、碳纳米管气凝胶[70, 71]以及碳纳米管纤维[72]等。

碳纳米管薄膜是由物理或者化学方法，通过填充自由排列的碳纳米管从而形成的二维碳纳米管网状结构，根据薄膜内部碳纳米管阵列的排列方式不同，碳纳米管薄膜可分为水平排列碳纳米管薄膜、垂直排列碳纳米管薄膜以及混合排列碳纳米管薄膜。通过这种方法制备出的碳纳米管薄膜仍然保留了碳纳米管自身原有的微观性能，并且碳纳米管薄膜操作压力低、通量大、截留率高、成本也较低，因此目前碳纳米管薄膜广泛应用于生物、医药以及水处理等领域。

相比于碳纳米管薄膜，巴基纸为自支撑结构，是由相互纠缠的碳纳米管通过范德华相互作用而形成的像纸一样的结构。常用的制备方法有抽滤法、旋涂法、滚压法以及化学气相沉积法，其具有十分优异的力学性能[69, 73-75]和电学性能[76]，广泛应用于制动器、传感器、电容器、电池以及长发射器等领域中。

碳纳米管气凝胶作为由碳纳米管组成的三维结构，是由碳纳米管交联缠绕构成。碳纳米管气凝胶的主要制备方法分为化学气相沉积/催化热解直接合成、液相处理碳纳米管粉末再进行干燥两类。碳纳米管气凝胶具有轻质、高回弹性以及高导电性，广泛应用于热能储存[77]、超级电容器[78]以及催化[79]领域。

相比于上述三种碳纳米管基宏观材料，碳纳米管纤维由于其超大的长径比，超强的轴向断裂强度以及质轻、化学性质稳定等特点，在高强度纤维、电致驱动器、人造肌肉、超级电容器、制动器等方面均具有极大的发展潜力。此外，值得一提的是，碳纳米管薄膜、巴基纸以及碳纳米管气凝胶通过某种机械操作均可用于制备碳纳米管纤维结构。

1) 高强度纤维

由于碳纳米管纤维自身轻质且高强的特性，碳纳米管纤维可用于制备高强度多功能复合材料纤维[63, 80, 81]。研究表明，当在基体中加入少量的碳纳米管后，其力学性能大幅提升。目前通过类似方式制备而成的碳纳米管纤维的力学性能远高于常用的商用纤维，此外，相比于商用纤维，碳纳米管纤维柔韧性较高[80, 82]。因此，碳纳米管纤维很有可能作为碳纤维的替代材料广泛应用于航空航天、国防等领域。

2) 电致驱动器和人造肌肉

除了超强的力学性能以外，碳纳米管纤维的稳定性和可逆性同样十分优异，研究表明，基于碳纳米管纤维制备而成的电致驱动器可产生高达 10 MPa 的驱动能力[83]，如此优异的性能使得碳纳米管纤维在微驱动领域具有十分广阔的应用前景。另外，研究发现，在外加电场的刺激下，碳纳米管纤维内部结构由于电磁的相互作用而发生变化，从而使得碳纳米管纤维具有一定的伸缩和弯曲变形的能力，其变形能力为天然肌肉的 100～200 倍[84, 85]。这种类似于人类肌肉的变形能力使得碳纳米管纤维在人造肌肉领域中具有很大的应用潜力。

3) 超级电容器

众所周知，超级电容器的性能强弱与电极中电荷层和电解液中电极之间的距离大小和电极的面积大小高度相关。另外，碳纳米管纤维中电荷层之间的距离通常小于 1 nm，并且碳纳米管自身比表面积很大，导电性很好，因此碳纳米管纤维是一种制备超级电容器的极佳的选择[86-88]。研究发现，基于碳纳米管纤维制备的超级电容器质量比电容高达 100 F/g[89]。此外，当在碳纳米管纤维表面沉积 PANI 薄膜后，制备而成的超级电容器的质量比电容高达 274 F/g[90]，因此，碳纳米管纤维在超级电容器领域具有一席之地。

除了上述多功能应用外，碳纳米管纤维在制动器[83]、可穿戴设备[91, 92]、应变传感器[93-95]、生物活性微电极[96]以及太阳能电池[97, 98]等领域同样拥有巨大的发展潜力。

3. 石墨烯力学性能及潜在应用

碳原子间通过共价键结合而成蜂窝状二维晶体石墨烯结构，石墨烯中高强度的共价键赋予其超高的力学性质,断裂强度和杨氏模量分别高达约 125 GPa 和约 1.1 TPa[2]。实验表征方面,原子力纳米压痕测试技术和原子力显微镜等先进实验技术被广泛用于研究石墨烯的力学性能。Lee 等[99]采用纳米压痕实验方法获得了悬置石墨烯的抗拉强度和杨氏模量分别为 130 GPa 和 1 TPa。Annamalai 等[100]通过纳米压痕技术研究了石墨烯层数和石墨烯固定程度对石墨烯力学性能的影响,研究发现石墨烯的抗拉强度和杨氏模量会随着石墨烯的层数增加以及固定程度增加而显著增加。Poot 等[101]研究了多层石墨烯的抗弯刚度和应力变化,发现其与石墨烯厚度成正比。Frank 等[102]对悬置在二氧化硅片上的石墨烯材料进行拉伸测试,得到其杨氏模量为 0.5 TPa。由于实验设备精度的限制,纳米尺度下的石墨烯的力学性质实验研究还存在较大难度,理论计算分析方法成为研究其力学性质及破坏机制的重要手段。Liu 等[103]通过密度泛函理论推导出石墨烯的杨氏模量为 1.05 TPa,并发现扶手椅型石墨烯和之字型石墨烯的断裂强度分别为 110 GPa 和 121 GPa。Neek-Amal 和 Peeters[104]根据非线性力学理论 Foppl-Hencky 方程测量出双层石墨烯的杨氏模量约为 0.8 TPa,与常温相比,低温下石墨烯的杨氏模量会减少 14%。Grantab 等[105]采取密度泛函理论和分子动力学相结合的方法研究了扶手椅型和之字型石墨烯晶界的力学性质,发现石墨烯的破坏应变和抗拉强度随晶界角度的增大而增大。Georgantzinos 等[106]基于有限元模型对石墨烯拉伸变形的非线性力学行为进行了预测,认为石墨烯拉伸变形机制很大程度依赖于石墨烯的面内尺寸和手性。Guo 等[107]基于原子势的连续介质力学的方法推论出石墨烯的弹性模量、泊松比和剪切模量等弹性常数是各向异性的,并与尺寸相关,与实验结果表现出很好的一致性。

氧化石墨烯的结构与石墨烯类似,与之不同的是氧化石墨烯中存在着大量的羟基、羧基以及环氧基等含氧官能团,这些含氧官能团使得石墨烯自身完美的六元环蜂窝结构受到了破坏,从而导致其自身力学性质大幅下降。Gomez-Navarro 等[108]研究发现氧化石墨烯具有高弯曲灵活性和较强的柔韧性,其杨氏模量为 0.25 TPa。共价键交联作用使得氧化石墨烯层间的相互作用大幅提升,含氧官能团的存在大幅提升了石墨烯的表面活性,更容易对其进行表面改性从而对其进行更加丰富的功能化设计。但大量含氧官能团的存在阻碍了氧化石墨烯平面内大 π 键的导电性,因此氧化石墨烯的导电性比石墨烯的导电性弱得多。目前,基于石墨烯或氧化石墨烯结构,人们分别构造了一维石墨烯/氧化石墨烯纤维、二维石墨烯/氧化石墨烯薄膜以及三维石墨烯/氧化石墨烯网络材料等。

1) 石墨烯/氧化石墨烯纤维

石墨烯/氧化石墨烯纤维是由石墨烯/氧化石墨烯片层通过组装过程形成的宏观一维材料,其具有较好的耐热性、导热性、导电性以及轻质高强等优点,是实现高品质、功能化纤维的重要突破口。2011 年,人们通过液晶纺丝法首先制备出强度为 140 MPa 的石墨烯纤维[109]，随后，通过对其进一步的优化改进，基于氧化石墨烯结构，通过增加离子交联作用，获得了强度高达 501.5 MPa 的氧化石墨烯纤维[110]。近年来，随着工艺的不断优化，通过提升片层取向度，增加纤维致密性的方法，石墨烯纤维的强度高达 3.4 GPa[111]。石墨烯/氧化石墨烯纤维在超轻导线、可穿戴设备、传感器、生物电极等领域具有广阔应用前景。

2) 石墨烯/氧化石墨烯薄膜

由石墨烯/氧化石墨烯互相搭接形成的薄膜不仅保留了石墨烯的二维结构特性，还具有石墨烯/氧化石墨烯自身超强的力学性质，因而石墨烯/氧化石墨烯薄膜具有很强的抗冲击能力，在防弹领域具有很好的应用前景[112]。对于石墨烯薄膜，由于其内部通常是由共价键相连，因而薄膜结构整体具有良好的电容性，在高性能超级电容器中的应用前景广阔[113, 114]。此外，对于氧化石墨烯薄膜，由于其比表面积大并且表面活性分子较多，因而氧化石墨烯薄膜具有高效的吸附能力，并且该类薄膜易于再生，具有高度的生态友好性，在废水处理和废料去除方面具有一定潜在的应用前景[115, 116]。

3) 石墨烯/氧化石墨烯网络材料

石墨烯/氧化石墨烯网络材料通常为多孔材料[117-120]，其骨架和孔壁为多层石墨烯薄膜，这种结构特点既保持了石墨烯优异的二维特性，又保持了三维的连接性，而且完美地解决了石墨烯易发生团聚的问题，此外这种多孔材料的密度通常在 $0.001 \sim 0.01$ g/m^3[117]，具有大的比表面积、疏水亲油性和良好的导电导热性，并且孔径分布均匀且大小可控，结构整体十分稳定，此外，在外载荷的作用下，结构通常具有很好的回弹性能，并且具有一定的能量耗散能力[121, 122]，因此，石墨烯/氧化石墨烯网络材料在传感器[123]、锂离子电池[124]、吸附材料[125]等领域具有一定潜在的应用。

1.3 本书的主要内容

本书以结构设计-功能-应用一体化为基本研究路线，提出了一些基于碳纳米材料的结构设计概念，采用先进的原位力学测试技术结合分子动力学模拟方法和连续理论方法系统地探究了由碳纳米材料组装而成的跨尺度宏观材料的力学性能和内部力学增强失效机制，并初步建立了材料结构与性能之间的本构关系，详细内容如下。

第 1 章，绪论部分，介绍了典型的碳纳米材料的制备方法、力学性能以及多功能应用，指出了当前国内外对于碳纳米材料力学性能的研究现状以及目前仍然存在的关键问题，并阐述了对于碳纳米材料结构设计、力学性质分析以及多功能应用探索的必要性。

第 2 章，设计了螺旋卡拜纤维结构，并采用分子动力学模拟对其拉伸力学性质进行了探讨，同时基于连续力学理论建立了螺旋卡拜纤维杨氏模量的理论预测模型，揭示了螺旋几何结构与卡拜纤维力学性质的内在联系。

第 3 章，设计了三种一维碳纳米管螺旋纤维结构，包括一级螺旋、多级螺旋以及随机分布构型，采用全原子分子动力学以及粗粒化分子动力学研究了其拉伸力学性质，揭示了其结构与力学性质之间的构效关系，最后利用原位力学测试技术探究了碳纳米管纤维内部的界面应力传递机制和失效机制。

第 4 章，提出了三种二维碳纳米管薄膜材料结构，基于树枝状大分子界面改性的高强巴基纸、碳纳米管编织薄膜以及定向排列碳纳米管薄膜，采用原位力学测试技术结合分子动力学模拟研究了这三种薄膜材料的面内力学性质，并且探索了碳纳米管编织薄膜在防冲击方面的应用以及定向排列碳纳米管薄膜夹层复合材料在智能人工皮肤领域方面的应用。

第 5 章，提出了基于剪裁工艺的碳纳米管拉花结构以及碳纳米管仿螺丝钉结构，介绍了拉花结构的超大变形可恢复机制，制备出了仿螺丝钉碳纳米管增强复合材料，采用实验与分子模拟相结合的方法揭示了这种复合材料的力学增强及失效机制。

第 6 章，首先采用原位力学测试技术结合分子动力学模拟揭示了单片多层氧化石墨烯的拉伸力学行为，在此基础上，制备了一种氧化石墨烯基薄膜/空心球混杂体结构，采用原位力学测试技术结合分子动力学模拟揭示了这种空心球结构的压缩力学失效机制及其与氧化石墨烯薄膜的界面结合强度，最后成功制备了这种混杂体夹层复合材料，并研究了这种复合材料的拉伸力学性质，探讨了空心球与薄膜间的互锁机制及其在应力传递过程的关键作用。

本书的结构安排主要以碳纳米材料拓扑形貌为主线，即一维的卡拜、碳纳米管以及二维的氧化石墨烯。第 2 章中提出了通过一维的卡拜自组装而成的一维连续纤维；第 3 章到第 5 章以碳纳米管为研究重点，第 3 章详细介绍了碳纳米管自组装宏观连续纤维，第 4 章详细介绍了几种碳纳米管组装而成的二维薄膜材料，第 5 章提出了基于剪裁工艺的碳纳米管自身结构设计及其在复合材料方面的潜在应用；第 6 章主要介绍通过氧化石墨烯自组装而成的多功能薄膜材料。

第 2 章　螺旋卡拜纤维

2.1　引　　言

除了 sp^3 和 sp^2 杂化碳材料以外，近年来一些科研工作者发现了一种新型的 sp 杂化碳元素同素异形体，命名为卡拜。在自然环境中，它被证实存在于陨石、星际尘埃、陆地植物、真菌和海洋资源中[126, 127]。为了获得有限长度的卡拜，目前已经发展了多种制备方法，包括化学气相沉积、电化学合成、聚合物脱氢卤化以及从 sp^2 杂化碳纳米结构中通过拉伸获得碳原子链等[11-13, 128-130]。目前科研工作者已经从理论和实验两方面对卡拜的力学、热学以及电学性质进行了深入研究[15, 52, 55, 131-141]。然而，卡拜的纳米级尺寸在一定程度上限制了其进一步的实际应用。为了充分利用它们的优异性能，有必要探索一条将卡拜组装成宏观结构的有效途径[7, 8, 20, 21]。基于这一研究背景，本章建立了一种螺旋卡拜纤维的分子结构和连续体模型，并通过分子动力学模拟方法探究了螺旋卡拜纤维的拉伸力学性质，揭示了螺旋几何形态对纤维力学性质的影响规律，为具有螺旋结构的先进纳米材料的优化设计提供了借鉴与启迪。

2.2　螺旋卡拜纤维的拉伸模拟

2.2.1　螺旋卡拜纤维的构造

图 2-1(a)和(d)是典型的由 5 根卡拜构成的螺旋卡拜纤维结构示意图，其中，

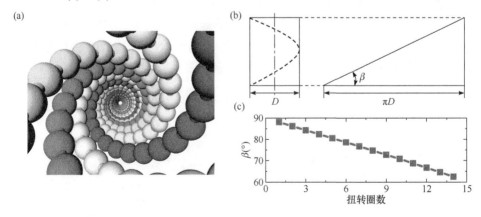

图 2-1 螺旋卡拜纤维示意图

(a)，(d)由 5 根卡拜组成的螺旋卡拜纤维结构的顶视图和侧视图；(b)螺旋角β的定义，D 和 πD 表示卡拜纤维横截面的直径和周长；(c)螺旋角与扭转圈数之间的关系

螺旋卡拜纤维的初始螺旋直径为 5 Å，卡拜中对应单键、双键和三键的键长分别为 1.54 Å、1.35 Å、1.20 Å[55]。需要指出的是，当螺旋角小于 62.5°时，由于过度扭转，螺旋卡拜纤维会在局部位置由于失稳而形成结，这一情况不在本书考虑范围内，因此本书中所有模型的螺旋角均在 62.5°～88.1°之间[图 2-1(c)]。

2.2.2 模拟细节

采用 LAMMPS 软件进行全原子分子动力学模拟，选用 ReaxFF 势函数描述原子之间的相互作用及力学行为[142, 143]，ReaxFF 力场能够精确计算碳氢化合物、石墨、金刚石及其他碳纳米结构的力学行为，并能够以接近量子化学的精度在几纳秒的时间尺度上处理数千个原子[144-146]。在整个模拟过程中，velocity-Verlet 积分算法的时间步长设置为 0.1 fs。弛豫过程在 NVE 系综(原子数目恒定、体积恒定、能量恒定)下进行，选取恒定温度 1 K 和恒定压力 0 atm(1 atm=1.01325×10⁵ Pa)，在此过程中，螺旋卡拜纤维可以自由收缩或膨胀。随后通过每 1000 个时间步长均匀地重新缩放所有原子的轴向坐标以达到拉伸螺旋卡拜纤维的目的，应变率设置为 10⁻⁷fs⁻¹。需要注意的是，模拟过程中需沿纤维轴向施加周期性边界条件以消除变形过程中不合理的端部效应，同时在螺旋卡拜纤维纵向拉伸变形过程中考虑横向泊松收缩作用。

在拉伸过程中，变形的螺旋卡拜纤维在横向上会发生泊松收缩，通过计算每个原子上的应力张量分量可得到拉力表达式如下：

$$\sigma_x = \frac{1}{V_0}\frac{\partial U}{\partial \varepsilon_x} \tag{2-1}$$

$$V_0 = \pi R^2 \tag{2-2}$$

式中，U 为应变能；V_0 为系统的初始体积；R 为螺旋结构的半径。

纤维结构中单个碳原子的原子应力可由下列等式计算：

$$\sigma_{ij}^p = \frac{1}{\Omega^p}\left(\frac{1}{2}m^p v_i^p v_j^p + \sum_{\beta=1,n} r_{pq}^j f_{pq}^i\right) \tag{2-3}$$

式中，i 和 j 为笛卡儿坐标系中的指数；p 和 q 分别为原子指数；m^p 和 v^p 分别为 p 原子的质量和速度；f_{pq}^i 为 p 和 q 原子间力的 i 分量；Ω 为原子 p 的原子体积；

r_{pq} 为原子 p 和 q 之间的距离。系统的整体应力可以通过对每个原子上的应力求和而获得，该应力通过在弛豫周期内每 5000 个时间步长上取平均值进行获取。

2.3　螺旋卡拜纤维杨氏模量的连续理论预测模型

2.3.1　卡拜纳米结构的模型描述

"自下而上"和"自上而下"的研究思路在纳米结构及其宏观体的力学性质研究方面扮演着关键角色。在过去几年里，广大科研工作者为开发多尺度分析方法做了大量工作。在碳纳米管和石墨烯等碳纳米结构力学性能研究中，连续介质力学方法发挥了重要作用。Gregory 等提出了纳米结构材料的等效连续体模型，其中假设碳原子由类似于弹簧的结构相连[147]。Li 和 Chou 建立了碳纳米管的结构力学模型，其中以欧拉梁刚性连接来构建非连续结构[148]。Chang 和 Gao 提出了一个 stick-spiral 模型来描述分子力学系统。这些模型已被广泛用于研究碳纳米结构的力学性能[149]。然而在这些模型中并没有考虑横向剪切变形。基于杆、梁或棒的长径比很小的特点，Scarpa 等提出了一种基于单元材料力学的桁架式或铁木辛柯梁模型来描述单层石墨烯的面内线弹性性质[150]。在这个模型中，如图 2-2 所示，忽略范德华力和库仑力的作用，碳-碳键的变形能可表示如下[148, 150-156]：

$$U_{steric} = U_r + U_\tau + U_\varphi = \frac{1}{2}k_r(\Delta r)^2 + \frac{1}{2}k_\tau(\Delta \beta)^2 + \frac{1}{2}k_\varphi(\Delta \varphi)^2 \qquad (2\text{-}4)$$

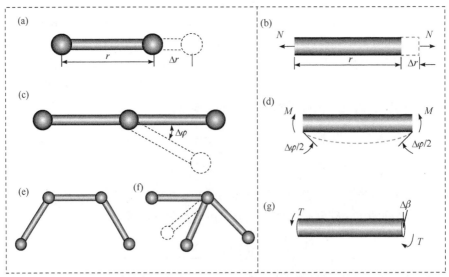

图 2-2　(a)，(b)共价键和连续体梁的拉伸变形；(c)，(d)共价键和连续体梁的弯曲变形；
(e)～(g)共价键和连续体梁的扭转变形

式中，U_r、U_τ和 U_φ为拉伸、扭转以及弯曲能；Δr、$\Delta \beta$和 $\Delta \varphi$ 为拉伸伸长量、面内以及面外扭转角和键角弯曲量；k_r、k_τ和 k_φ 为对应变形形式的力常数。

当连续体梁结构用于模拟碳-碳共价键时，其应变能为[148, 150-156]

$$\begin{cases} U_{\text{axial}} = \dfrac{1}{2} K_r \left(\Delta r\right)^2 \\ U_{\text{torsion}} = \dfrac{1}{2} K_\tau \left(\Delta \beta\right)^2 \\ U_{\text{bending}} = \dfrac{1}{2} K_\varphi \left(\Delta \varphi\right)^2 \\ U_{\text{strain}} = U_{\text{axial}} + U_{\text{torsion}} + U_{\text{bending}} \end{cases} \tag{2-5}$$

式中，K_r、K_τ 和 K_φ 分别为拉伸、扭转和弯曲刚度。对于具有圆形截面的欧拉梁，它们同样可由下式来表达：

$$K_r = \frac{EA}{l} = \frac{E\pi d^2}{4l}; \quad K_\tau = \frac{GJ}{l} = \frac{G\pi d^4}{32l}; \quad K_\varphi = \frac{EI}{l} = \frac{E\pi d^4}{64l} \tag{2-6}$$

式中，E 和 G 分别为杨氏模量和剪切模量；d、A、I 和 J 分别为直径、横截面积、惯性矩和极惯性矩；l 为碳-碳键长度，它代表两个相邻原子的距离，可以直接通过测量获得[157-159]。

已知碳-碳共价键的应变能与连续体梁的变形能等价，因此碳-碳共价键的每个力常数分别等于相应的连续体梁的刚度。因而通过式(2-4)和式(2-5)便可获得如下结果[148, 152, 160, 161]：

$$\begin{cases} \dfrac{EA}{l} = k_r \\ \dfrac{GJ}{l} = k_\tau \\ \dfrac{EI}{l} = k_\varphi \end{cases} \tag{2-7}$$

当碳-碳共价键的力常数和碳-碳共价键的长度 l 已知时，碳-碳共价键的杨氏模量和剪切模量以及直径可由方程(2-7)求解。值得注意的是方程(2-7)中使用了欧拉梁($l/d > 10$)理论。式(2-8)所示为常用的碳-碳共价键(sp^2)的相关力常数和长度[148, 157, 162]：

$$k_r = 6.52 \times 10^{-7} \text{ N/nm}; \quad k_\tau = 2.78 \times 10^{-10} \text{ N} \cdot \text{nm/rad}^2$$
$$k_\varphi = 8.76 \times 10^{-10} \text{ N} \cdot \text{nm/rad}^2; \quad l = 0.142 \text{ nm} \tag{2-8}$$

将式(2-8)代入式(2-7)便可得到连续体梁等效模型的相关力学参数：

$E = 5.48$ TPa，$G = 0.87$ TPa 和 $d = 0.147$ nm。通过计算发现，连续体模型的长径比(l/d)为 0.967，这与欧拉梁的基本假设相违背。除此之外，通过采用其他不同的求解条件，同样可得到不同的 E、G 以及 d，通过对比发现，长径比都远小于 10[148, 150, 152, 160-163]。因此，本研究采用了铁木辛柯梁假设来等效碳-碳共价键。

当使用铁木辛柯梁模型时，式(2-7)的第三个方程可修改为[150, 162, 164]

$$\frac{EI(4+\Phi)}{l(1+\Phi)} = k_\varphi \tag{2-9}$$

式中，$\Phi = \dfrac{12EI}{\kappa GAl^2}$，$\Phi$ 为剪切常数，κ 为剪切修正系数。

2.3.2 v, E 和 d 的解析公式和显式表达式

在铁木辛柯梁模型中使用了以下假设：

(1) 碳-碳键等效为直径为 d 的圆柱形铁木辛柯梁；

(2) 铁木辛柯梁间采用刚性连接；

(3) 碳-碳键的材料性质是各向同性的。

利用上述假设,碳-碳键的各力常数与梁的刚度参数间有如下关系[148, 150, 162, 164]：

$$\begin{cases} \dfrac{\pi E d^2}{4l} = k_r \\[3mm] \dfrac{\pi E d^4}{64(1+v)l} = k_\tau \\[3mm] \dfrac{\pi E d^4}{64l}\left[1 + \dfrac{3\kappa k_r l^2}{\kappa k_r l^2 + 24(1+v)^2 k_\tau}\right] = k_\varphi \end{cases} \tag{2-10}$$

通过对式(2-10)的第一、二个方程进行处理，d 和 E 可以表示为

$$d = \sqrt{\frac{16(1+v)k_\tau}{k_r}} \tag{2-11}$$

$$E = \frac{k_r^2 l}{4\pi(1+v)k_\tau} \tag{2-12}$$

将式(2-10)的第二个方程代入第三个方程，可得关于泊松比的方程为

$$f(v) = (1+v)k_\tau\left[1 + \frac{3\kappa k_r l^2}{\kappa k_r l^2 + 24(1+v)^2 k_\tau}\right] - k_\varphi = 0 \tag{2-13}$$

剪切修正系数 κ 可采用以下公式[165, 166]：

$$\kappa = \frac{6(1+\nu)^2}{7+12\nu+4\nu^2} \tag{2-14}$$

将式(2-14)代入式(2-13)可得

$$(1+\nu)^3 - \left(\frac{k_\varphi}{k_\tau}-1\right)(1+\nu)^2 + \left(\frac{k_r l^2 - k_\tau - 4k_\varphi}{4k_\tau}\right)(1+\nu)$$

$$-\frac{\left(k_r l^2 - 4k_\varphi\right)k_\varphi}{16k_\tau^2} = 0 \tag{2-15}$$

需要指出的是，方程(2-14)中剪切修正系数的选取与其他工作中所选取的系数是不同的[164-166]，恰恰由于这一不同，在这些工作中所获得的泊松比的方程式不具备唯一的精确解。而基于本书中的剪切修正系数所获得多项式方程(2-15)具有唯一的有效解 $\nu(-1 < \nu < 0.5)$：

$$\nu = -1 + \left[\sqrt[3]{\Delta-R} + \frac{Q}{\sqrt[3]{\Delta-R}}\right] + \frac{1}{3}\left(\frac{k_\varphi}{k_\tau}-1\right) \tag{2-16}$$

式中，

$$\begin{cases} \Delta = \sqrt{R_c^2 - Q_c^3} \\ R = \frac{1}{9}\left[\left(\frac{k_\varphi}{k_\tau}-1\right)^2 - \frac{3\left(k_r l^2 - k_\tau - 4k_\varphi\right)}{4k_\tau}\right] \\ Q = \frac{1}{27}\left[-\left(\frac{k_\varphi}{k_\tau}-1\right)^3 + \left(\frac{k_\varphi}{k_\tau}-1\right)\frac{9\left(k_r l^2 - k_\tau - 4k_\varphi\right)}{8k_\tau} - \frac{27\left(k_r l^2 - 4k_\tau\right)}{32k_\tau^2}\right] \end{cases} \tag{2-17}$$

因此，碳-碳共价键铁木辛柯梁连续体的泊松比可由式(2-16)计算得出，其碳-碳键直径和杨氏模量可从式(2-11)和式(2-12)得到。

2.3.3　螺旋卡拜纤维连续理论预测模型

已知碳-碳共价键铁木辛柯梁连续体模型的相关力学参数可由式(2-11)、式(2-12)和式(2-16)得出，因此，基于螺旋卡拜纤维的螺旋几何形态，可得出由卡拜组成的螺旋卡拜纤维中的相关内力[167]：

$$\begin{cases} M_T = \dfrac{E\pi r_f^4}{4(1+\nu)}\left(\tau - \tau^{(0)}\right) \\[2mm] M_B = \dfrac{E\pi r_f^4}{4}\left(\zeta_B - \zeta_B^{(0)}\right) \\[2mm] M_N = \dfrac{E\pi r_f^4}{4}\left(\zeta_N - \zeta_N^{(0)}\right) = 0 \\[2mm] F_T = E\pi r_f^2 \varepsilon_f \\[2mm] F_B = M_T\zeta_B - M_B\tau \\[2mm] f_N = F_B\tau - F_T\zeta_B;\ f_T = f_B = 0 \end{cases} \tag{2-18}$$

式中,

$$\begin{cases} \tau^{(0)} = \dfrac{\sin\theta_f^{(0)}\cos\theta_f^{(0)}}{r_r^{(0)}},\ \zeta_N^{(0)} = 0,\ \zeta_B^{(0)} = \dfrac{\sin^2\theta_f^{(0)}}{r_r^{(0)}} \\[3mm] \tau = \dfrac{\sin\theta_f\cos\theta_f}{r_r},\ \zeta_N = 0,\ \zeta_B = \dfrac{\sin^2\theta_f}{r_r} \end{cases} \tag{2-19}$$

如式(2-18)所示, F_T 和 F_B 分别为沿法线方向和副法线方向的内力; M_T、M_N 和 M_B 分别为在纤维的应力单元中沿三个方向的三个力矩; r_r 为螺旋半径。需要指出的是, 本研究中的纤维结构的螺旋形态十分均匀, 因此纤维内部的缠绕角度是恒定的。

在本书中, 上标(0)用来表示螺旋结构的初始构型和未变形构型的参数。与螺旋碳纳米管纤维不同, 螺旋卡拜纤维的半径主要由卡拜之间的范德华相互作用决定, 而不是单个卡拜的泊松收缩。图 2-3 所示为分子动力学模拟中的 C-螺旋卡拜 (C2-螺旋卡拜纤维表示由 2 根 Cumulene 型卡拜组成的螺旋卡拜纤维, 依此类推) 纤维的半径, 因此可假设半径和轴向拉伸应变之间的关系是线性的。

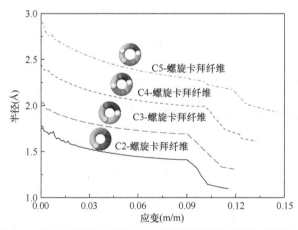

图 2-3　轴向拉伸下 C-螺旋卡拜纤维横截面的半径与应变关系

当忽略 θ_f 变化的影响时，可以预测螺旋卡拜纤维半径和轴向拉伸应变 ε_r 之间的关系如下：

$$r_r = r_r^{(0)} + k_{\mathrm{vdw}}\varepsilon_r \tag{2-20}$$

在单轴拉伸过程中，结构的拉伸应变 ε_r 和转动应变 β_r 存在以下关系：

$$\begin{cases} \varepsilon_r = \dfrac{l_r - l_r^{(0)}}{l_r^{(0)}} = \dfrac{l_f^{(0)}(1+\varepsilon_f)\cos\theta_f}{l_f^0 \cos\theta_f^0} = (1+\varepsilon_f)\dfrac{\cos\theta_f}{\cos\theta_f^{(0)}} - 1 \\[4mm] \beta_r = \dfrac{r_r^{(0)}}{l_r^{(0)}}\left(\dfrac{l_r}{r_r\cot\theta_f} - \dfrac{l_r^{(0)}}{r_r^{(0)}\cot\theta_f^{(0)}} \right) = \dfrac{r_r^{(0)}}{r_r}\dfrac{1+\varepsilon_r}{\cot\theta_f} - \dfrac{1}{\cot\theta_f^{(0)}} \end{cases} \tag{2-21}$$

已知 ε_r 和 β_r 可以直接测量，因此，结合式(2-20)和式(2-21)可得 ε_f 和 θ_f 之间的关系如下：

$$\begin{cases} \varepsilon_f = \dfrac{(1+\varepsilon_r)\cos\theta_f^{(0)}}{\cos\theta_f} - 1 \\[4mm] A_{fr}\cos\theta_f + B_{fr}\sin\theta_f = 0 \end{cases} \tag{2-22}$$

式中，A_{fr} 和 B_{fr} 可表示为

$$\begin{cases} A_{fr} = r_r^{(0)} + k_{\mathrm{vdw}}\varepsilon_r \\[4mm] B_{fr} = \dfrac{-r_r^{(0)}(1+\varepsilon_r)}{\beta_r + \tan\theta_f^{(0)}} \end{cases} \tag{2-23}$$

此外，由方程(2-22)可得 $\theta_f(0 < \theta_f < \pi/2)$：

$$\theta_f = \arctan\left(\dfrac{-A_{fr}}{B_{fr}} \right) \tag{2-24}$$

结合式(2-18)~式(2-24)，螺旋卡拜纤维结构内力全部可得，将内力沿着轴向投影积分，便可获得由 n_0 根卡拜组成的纤维结构整体的轴向力和扭矩：

$$\begin{cases} F_T^{\mathrm{Rope}} = n_0(F_T\cos\theta_f + F_B\sin\theta_f) \\[4mm] M_T^{\mathrm{Rope}} = n_0(M_T\cos\theta_f + M_B\sin\theta_f + F_T r_r\sin\theta_f - F_B r_r\cos\theta_f) \end{cases} \tag{2-25}$$

基于式(2-25)中纤维的总轴向力和扭矩，结合螺旋卡拜纤维的横截面积，便可获得纤维的应力为

$$\sigma_{F_T} = \frac{F_T}{\pi r_f^2}, \sigma_{M_B} = \left|\frac{4M_B}{\pi r_f^3}\right|, \tau_{M_T} = \left|\frac{2M_T}{\pi r_f^3}\right| \tag{2-26}$$

在单轴拉伸过程中，对螺旋卡拜纤维施加轴向拉伸应变 ε_r 并保持扭转应变 $\beta_r = 0$，根据式(2-26)可得螺旋卡拜纤维的等效弹性模量为

$$E_{\text{eff}} = \frac{F_T^{\text{Rope}}}{\pi (r_r^{(0)})^2 \varepsilon_r} \tag{2-27}$$

2.4 拉伸力学行为和力学性质

在研究螺旋卡拜纤维力学性能之前首先探究了螺旋卡拜纤维的结构稳定性。如表 2-1 和表 2-2 所示，计算得到的碳纳米管的势能范围为–8.09～–7.18 eV，与嵌在碳纳米管中的卡拜的势能非常接近(Polyyne 和 Cumulene 型卡拜的势能分别为–7.59 eV 和–7.41 eV)，表明螺旋卡拜纤维的结构是稳定的。

表 2-1 P-螺旋卡拜纤维单原子势能(eV)

螺旋角	P2-螺旋纤维	P3-螺旋纤维	P4-螺旋纤维	P5-螺旋纤维	双壁碳纳米管中的 Polyyne 型*
88.1°	–8.06	–8.08	–8.08	–8.09	
86.2°	–8.06	–8.08	–8.08	–8.09	
84.4°	–8.06	–8.08	–8.08	–8.09	
82.5°	–8.06	–8.08	–8.08	–8.08	
80.6°	–8.06	–8.08	–8.08	–8.08	
78.7°	–8.06	–8.07	–8.08	–8.08	
76.8°	–8.06	–8.07	–8.07	–8.07	
74.9°	–8.06	–8.07	–8.07	–8.06	–7.59
73.0°	–8.05	–8.06	–8.06	–8.05	
71.1°	–8.05	–8.05	–8.05	–8.03	
69.2°	–8.04	–8.04	–8.03	–8.01	
67.3°	–8.03	–8.03	–8.01	–7.99	
65.4°	–8.02	–8.01	–7.99	–7.96	
63.4°	–8.01	–7.99	–7.96		

*基于参考文献[168]计算。

表 2-2　C-螺旋卡拜纤维单原子势能(eV)

螺旋角	C2-螺旋纤维	C3-螺旋纤维	C4-螺旋纤维	C5-螺旋纤维	双壁碳纳米管中的 Cumulene 型[*]
88.1°	−7.29	−7.30	−7.31	−7.31	
86.1°	−7.29	−7.30	−7.31	−7.31	
84.2°	−7.29	−7.30	−7.31	−7.31	
82.3°	−7.29	−7.30	−7.31	−7.31	
80.4°	−7.29	−7.30	−7.30	−7.30	
78.5°	−7.28	−7.30	−7.30	−7.30	
76.5°	−7.28	−7.29	−7.29	−7.29	
74.5°	−7.28	−7.29	−7.29	−7.28	−7.41
72.6°	−7.27	−7.28	−7.27		
70.5°	−7.26	−7.27	−7.26		
68.5°	−7.25	−7.25			
66.5°	−7.24	−7.23			
64.4°	−7.22	−7.21			
62.2°	−7.21	−7.18			

*基于参考文献[168]计算。

因为卡拜的横截面只有一个原子，很难准确定义卡拜的横截面积。在本模型中，螺旋卡拜纤维的有效横截面积的半径通过测量图 2-4 所示的螺旋半径来定义。

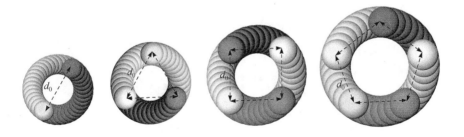

图 2-4　2, 3, 4, 5 根螺旋卡拜纤维松弛后横截面示意图

从图中可以看出充分松弛后的卡拜之间的距离($d_0 = 3.4$ Å)相等，因而螺旋卡拜纤维的半径为

$$R_{CTFs} = \frac{d_0}{2\sin\left(\dfrac{\pi}{n_0}\right)}, \quad n_0 = 2,3,4,5 \tag{2-28}$$

式中，n_0 为卡拜的数量。

为了探究螺旋卡拜纤维在单轴拉伸载荷作用下的力学行为，图 2-5 所示为具有代表性的 P3-螺旋卡拜纤维和 C3-螺旋卡拜纤维。图 2-5(a)显示拉伸前和断裂后 P3-螺旋卡拜纤维的键长是相同的，这意味着 P3-螺旋卡拜纤维中的碳-碳单键和碳-碳三键受载荷作用拉伸直至断裂，且在这一过程中没有相变发生。从图 2-5(c)中可以看出，应力-应变曲线和半径-应变曲线可分为三个阶段。螺旋卡拜纤维半径的变化主要归因于范德华相互作用，在拉伸初期，卡拜之间的相互作用很弱，受轴向拉伸载荷作用，纤维半径迅速减小。当半径收缩至一定程度后，卡拜之间的相互作用变得更强，从而导致横截面不易收缩，因此纤维半径下降速率明显减缓。当进入最后阶段时，卡拜之间相互作用极大，受拉伸载荷作用而引起的横向收缩难以继续，从而导致半径几乎保持不变直至发生破坏。

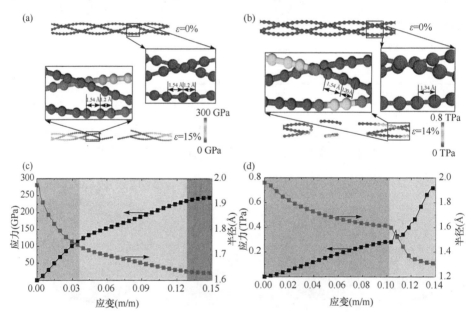

图 2-5　(a)，(b)P3-螺旋卡拜纤维和 C3-螺旋卡拜纤维在初始和断裂阶段的结构示意图，原子基于米塞斯应力着色；(c)，(d) P3-螺旋卡拜纤维和 C3-螺旋卡拜纤维轴向应力-应变曲线和半径-应变曲线

从图 2-5(b)中可以看出，不同于 P3-螺旋卡拜纤维，C3-螺旋卡拜纤维中所有的 Cumulene 型卡拜(键长等于 1.34 Å)在拉伸和失效后转变为 P-螺旋卡拜纤维(键

长等于 1.20 Å 和 1.54 Å)，且最大应力为 280 GPa。很明显，C3-螺旋卡拜纤维变
形过程主要可分为两个阶段。C3-螺旋卡拜纤维由于轴向载荷的作用而逐渐收缩，
当拉伸应变达到约 7.6%时，双键转变为单键和三键。与 P3-螺旋卡拜纤维相似，
C3-螺旋卡拜纤维的轴向应力与纤维的半径紧密相关[图 2-5(d)]。对于 C-螺旋卡拜
纤维，半径在小变形范围内呈线性下降趋势。

图 2-6 所示为不同螺旋角下的螺旋卡拜纤维的断裂应变和断裂强度，值得注
意的是，一些数据点的缺失是由于对应的 C-螺旋卡拜纤维结构不稳定。可以观察
到，螺旋卡拜纤维的延展性随着螺旋角的增加而降低。当螺旋角度较大时，由不
同数量卡拜组成的螺旋卡拜纤维具有几乎相等的断裂应变。然而，在小螺旋角的
情况下，卡拜数量越多的螺旋卡拜纤维具有越高的延展性。例如，当螺旋角从 62.5°
变为 88°时，断裂应变下降约 45%。对于断裂强度，C-螺旋卡拜纤维和 P-螺旋卡
拜纤维具有完全不同的规律。对于 P-螺旋卡拜纤维，断裂强度随着螺旋角的增加
而增加，卡拜数量较少的 P-螺旋卡拜纤维的断裂强度略高。然而对于 C-螺旋卡拜
纤维，当螺旋角在 60°~80°之间时，C2-螺旋卡拜纤维和 C3-螺旋卡拜纤维具有几
乎相等的断裂强度(约 0.7 TPa)。随着螺旋角的增加，C4-螺旋卡拜纤维和 C5-螺旋
卡拜纤维的断裂强度略有增加。然而，当螺旋角大于 80°时，断裂强度显著增加(最
大值高达 1.77 TPa)。此外，P-螺旋卡拜纤维的延展性仅略高于 C-螺旋卡拜纤维，
但其断裂强度却远远低于 C-螺旋卡拜纤维,这主要是由于 C-螺旋卡拜纤维在拉伸
过程中发生了相变。值得注意的是，与单根卡拜相比，通过扭转操作，螺旋卡拜
纤维的延展性和断裂强度大幅提升。并且由于螺旋卡拜纤维螺旋几何特点，螺旋
卡拜纤维横截面在拉伸过程中有明显的收缩现象。这种收缩行为可以显著减小螺

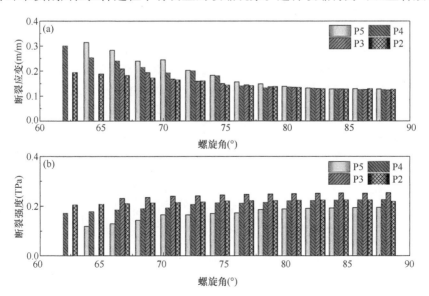

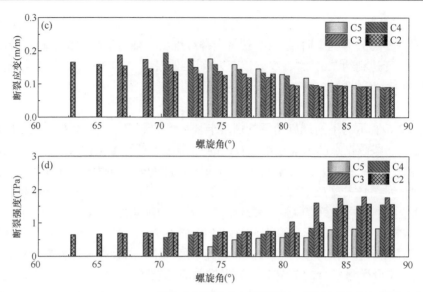

图 2-6　(a)，(b)P2、P3、P4、P5-螺旋卡拜纤维在不同螺旋角下的断裂应变和断裂强度；

(c)，(d)C2、C3、C4、C5-螺旋卡拜纤维在不同螺旋角下的断裂应变和断裂强度

旋卡拜纤维的有效横截面积，从而进一步提高断裂强度。另外，除了碳-碳共价键键长的拉伸，横截面的收缩也有助于提升延展性。

　　除了断裂强度和断裂应变，还统计了螺旋卡拜纤维的杨氏模量。图 2-7 为螺旋卡拜纤维的杨氏模量和螺旋角之间的关系。杨氏模量是通过应力-应变曲线的线性拟合获得的，这意味着 C-螺旋卡拜纤维的相变阶段不在考虑范围内。如图 2-7 所示，杨氏模量随着螺旋角的增加而增加。以 C2-螺旋卡拜纤维和 C3-螺旋卡拜纤维为例，当螺旋角从 62.5°增加到 88°时，C2-螺旋卡拜纤维和 C3-螺旋卡拜纤维的杨氏模量分别增加约 287%(从 1.15 TPa 增加到 4.45 TPa)和 352%(从 1.11 TPa 增加到 5.02 TPa)。同样，对于 P2-螺旋卡拜纤维和 P3-螺旋卡拜纤维，杨氏模量分别增加了 229%(从 1.74 TPa 增加到 5.72 TPa)和 379%(从 1.52 TPa 增加到 7.28 TPa)。对于给定的螺旋角，卡拜数量多的纤维的杨氏模量低于根数少的纤维。

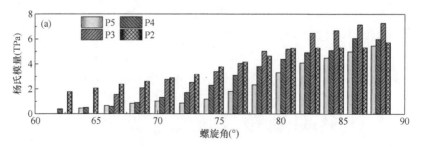

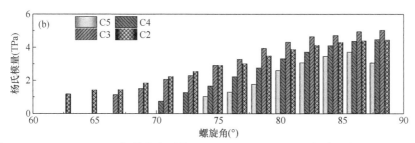

图 2-7　P2、P3、P4、P5-螺旋卡拜纤维(a)和 C2、C3、C4、C5-螺旋卡拜纤维(b)在不同
螺旋角下的杨氏模量

综上所述，当纤维扭转程度较高时，螺旋角较小，其延展性会得到一定提升，但是强度和杨氏模量会大幅下降，并且 C-螺旋卡拜纤维由于相变现象的存在其强度远高于 P-螺旋卡拜纤维，而当螺旋角和卡拜根数相同时，C-螺旋卡拜纤维的杨氏模量略低于 P-螺旋卡拜纤维。除此之外，值得注意的是，螺旋角较大时，由三根卡拜组成的 P3-螺旋卡拜纤维和 C3-螺旋卡拜纤维的强度和模量都略高于 P2-螺旋卡拜纤维和 C2-螺旋卡拜纤维，这是由于三根卡拜的纤维密度要高于两根卡拜的纤维密度。

方程(2-8)中的 AMBER 力常数已被广泛应用于石墨烯和碳纳米管的碳-碳键的分析中。在本研究中需要找到合适的描述碳-碳单键、双键和三键的拉伸、扭转和弯曲性质的力常数。因此，碳-碳键力学性能的数值结果将使用式(2-11)、式(2-12)和式 (2-16)计算。

如式(2-5)所讨论的，可以得出以下关系：

$$\begin{cases} k_r = \dfrac{2U_r}{(\Delta r)^2} \\ k_\tau = \dfrac{2U_\tau}{(\Delta \beta)^2} \\ k_\varphi = \dfrac{2U_\varphi}{(\Delta \varphi)^2} \end{cases} \tag{2-29}$$

为了计算卡拜的力学参数 k_r、k_τ 和 k_φ，本书中使用 LAMMPS 分子动力学模拟基于 ReaxFF 力场分别计算单根卡拜的拉伸、弯曲以及扭转变形。首先，计算了拉伸单根卡拜的总势能，结合卡拜的伸长量，便可基于式(2-29)中第一式获得卡拜的拉伸力常数 k_r。其次，通过构造卡拜环形结构，计算出卡拜的弯曲能量，便可基于式(2-29)中第三式获得卡拜的弯曲力常数 k_φ。需要特别指出的是，由于 ReaxFF力场是基于键级来计算原子间作用力，所以无法捕捉到卡拜中扭转变形所引起的能量变化。因此，引用了 Cumulene 型卡拜扭转刚度的第一性原理计算结果[141]：

$$k_r = 3.045\mathrm{e}^{-10}\ \mathrm{N \cdot nm/rad^2} \tag{2-30}$$

基于表 2-3 中的力常数,可以通过式(2-11)、式(2-12)和式(2-16)预测卡拜铁木辛柯梁连续体模型的如下相关力学参数:

$$\nu = -0.51454; \quad E = 85.5\ \mathrm{TPa}; \quad G = 88.07\ \mathrm{TPa}; \quad r_f = \frac{d}{2} = 0.028\ \text{Å} \tag{2-31}$$

表 2-3　Cumulene 型卡拜拉伸和弯曲弹性参数

L(nm)	$U_{r\text{total}}$(kcal*/mol)	Δr_{total}(Å)	$k_{r\text{total}}$(10^{-7} N/nm)
0.27	751.4	12.826	7.67

$U_{\varphi\text{total}}$(kcal/mol)	$\Delta\varphi_{\text{total}}$(rad)	$k_{\varphi\text{total}}$(10^{-10} N · nm/rad^2)
13.6	2π	5.7379

注:L 是键长,$U_{r\text{total}}$ 是拉伸势能,$U_{\varphi\text{total}}$ 是弯曲势能,Δr_{total} 是拉伸伸长,$\Delta\varphi_{\text{total}}$ 是弯曲角,$k_{r\text{total}}$ 是拉伸力常数,$k_{\varphi\text{total}}$ 是弯曲力常数。

* 1 cal=4.184 J。

如上所述,螺旋卡拜纤维的螺旋半径是基于式(2-20)拟合的,以 C-螺旋卡拜纤维和 P-螺旋卡拜纤维为例,由半径-应变曲线拟合的参数如表 2-4 所示。

表 2-4　C2-螺旋卡拜纤维和 C3-螺旋卡拜纤维初始半径 r_0 以及线性拟合参数 k_{vdw}

螺旋角	C2-螺旋卡拜纤维		C3-螺旋卡拜纤维	
	r_0(nm)	k_{vdw}	r_0(nm)	k_{vdw}
88.1°		−0.03997		−0.03849
86.2°		−0.1016		−0.08236
84.3°		−0.15614		−0.43401
82.4°		−0.20201		−0.2475
80.5°		−0.23916		−0.31274
78.6°		−0.28469		−0.36315
76.7°	0.17	−0.32804	0.1963	−0.4395
74.7°		−0.32983		−0.45911
72.7°		−0.40053		−0.50481
70.8°		−0.41508		−0.46387
68.7°		−0.433		−0.50352
66.7°		−0.47879		−0.51152
64.6°		−0.47787		−0.46784
62.5°		−0.55215		−0.46693

螺旋卡拜纤维的半径计算得到之后,纤维的应力-应变关系便可通过式(2-20)

计算得到，如图 2-8 所示。可以看出，应力随着初始螺旋角的增加而单调增加。图 2-9 所示为 C2-螺旋卡拜纤维和 C3-螺旋卡拜纤维的杨氏模量。杨氏模量通过式 (2-27) 推导得到，其中 ε_r 取 2%。从图 2-9 可以看出，分子动力学模拟的结果与理论计算的结果非常吻合，这意味着本研究的连续介质模型适合于模拟螺旋卡拜纤维的拉伸力学行为。

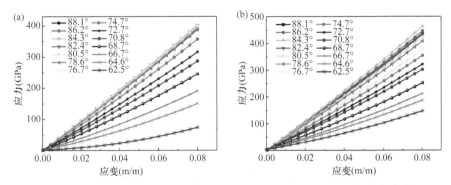

图 2-8　(a) C2-螺旋卡拜纤维、(b) C3-螺旋卡拜纤维的理论应力-应变曲线

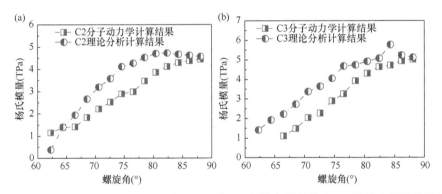

图 2-9　分子动力学模拟方法和理论方法研究的 C2-螺旋卡拜纤维和 C3-螺旋卡拜纤维的杨氏模量

第3章 碳纳米管纤维

3.1 引 言

碳纳米管作为一种典型的一维碳纳米材料，具有高强度、高模量、高热导率、高电导率以及高比表面积等优点[77, 120, 169-181]。目前为止，人们采用湿法纺丝、干法纺丝等方法成功制备出了碳纳米管纤维结构，并采用扭转以及压缩方式提升了碳纳米管致密性，进而提升了纤维结构的宏观力学性能[182-193]。然而目前为止对于碳纳米管纤维力学性能的理论预测模型发展并不完善，且其内部界面增强机理尚不明晰[194, 195]。而理论模型的发展和增强机理的挖掘对碳纳米管纤维的结构优化设计及实际应用具有十分重要的指导作用[196-199]。为了充分利用碳纳米管自身优异的力学性质，构筑力学性质更加优异的碳纳米管纤维结构，本章首先基于分子动力学模拟方法建立了三种典型的碳纳米管纤维构型，对其拉伸力学性质进行了深入的理论分析，揭示了影响其拉伸力学性质的关键因素，最后采用原位实验方法结合连续理论分析方法揭示了两单根碳纳米管间的剪切和剥离失效模式。本章的研究工作可以为碳纳米管纤维的结构优化设计和力学性能的进一步提升提供一定的理论和实验指导[82, 172, 200-202]。

3.2 一级螺旋碳纳米管纤维拉伸力学性质理论预测模型

3.2.1 一级螺旋碳纳米管纤维全原子模型

在本研究中，使用长度为 123 nm 的单壁(5, 5)碳纳米管构建了双螺旋碳纳米管纤维。整个建模过程可分成三个步骤：首先，基于范德华相互作用，将编号为 #1 和#2 的两个碳纳米管平行排列，其平衡作用距离 D_{vdw} = 0.34 nm[图 3-1(a)]。然后，如图 3-1(b)所示，每个 CNT 沿着中心点自身(A 和 B)分别扭转 m 圈和 n 圈(m, n = −8、−4、−2、0、2、4、8)。最后，沿着两个碳纳米管的对称中心点(C)将两个碳纳米管扭转在一起(扭转圈数 κ = 0、2、4、6、8、10)。通过这一系列操作，可以得到一个典型的双螺旋碳纳米管纤维构型[图 3-1(c)]。扭转参数 m、n 和 κ 的正值对应逆时针方向，m 和 n 的绝对值分别记为|m|和|n|。在本模型中采用扭转能 U 来表征扭转程度，定义为 $U = U_{twist} - U_{pristine}$，其中 U_{twist} 和 $U_{pristine}$ 分别为加捻双螺

旋碳纳米管纤维和未加捻平行碳纳米管纤维的势能。扭转能 U 与扭转参数之间的关系如图 3-1(d)所示，可以看出取相同的 κ，当$|m| = |n|$时，扭转能相同，增加$|m|$、$|n|$和 κ 可以使扭转能增加，这表明实现螺旋结构需要更大的扭转力。另外，经过充分的弛豫后发现碳纳米管之间存在着范德华相互吸引作用下的径向变形，且径向变形程度随着扭转参数 m 和 n 的增加而增大，但 κ 只起一定的辅助作用。

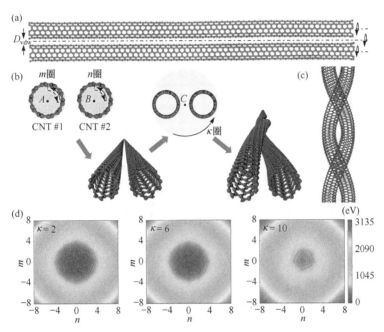

图 3-1　(a)平行碳纳米管结构示意图；(b)双螺旋碳纳米管纤维构造示意图；
(c)双螺旋碳纳米管纤维示意图；(d)双螺旋碳纳米管纤维在不同扭转参数下的扭转能

3.2.2　一级螺旋碳纳米管纤维自组装行为

当取 $m = n$ 时，发现了在特定条件下两个碳纳米管之间的自组装现象。如图 3-2 所示，首先对平行碳纳米管纤维进行能量最小化，然后在 NPT 系综下进一步弛豫 30 ps，时间步长设置为 1 fs，并且确保没有内部压力。为了保持碳纳米管的线性拓扑结构，并防止在自扭转操作过程中断裂,在碳纳米管左端施加 0.16 nN 的恒力作为沿碳纳米管轴的半约束。同时，两个碳纳米管右端分别以相同的加捻圈数进行扭转($m = n = 4$)，然后去掉左端施加的力约束，只允许原子沿 CNT 轴向自由移动，在此过程中右边原子设置为刚性固定。图 3-2(b)为整个自扭转和弛豫过程中势能 U 的变化趋势，可以看出，由于约束力和自扭转的共同作用，U 在一开始会出现短时间的振荡，并略有下降。随着自扭转圈数的进一步增加，碳纳米管中储存的扭转能量增加，直到自扭转过程完成时达到一个峰值，在这一过程中，可以观察到由剪切变形诱导的碳纳米管表面螺旋变形形貌。当进入到自由弛豫过程中，U 明显下降并趋于平缓，在这一阶段，发现通过扭转能的释放两个碳纳米管可以相互纠缠并形成一个螺旋形态的结[图 3-2(c)]。如图 3-2(d)所示，两个靠得很近的碳纳米管之间在扭转过程中存在着相反的相互作用，这是由于每个碳纳米管都有解螺旋的趋势，这种趋势可以认为是驱动两个碳纳米管整体扭转行为的驱动力，两根碳纳米管之间相互缠绕变形，自扭转所储存的能量可以被进一步释放出来。这是首次在微观层次揭示了碳纳米管纤维中的螺旋自组装现象。

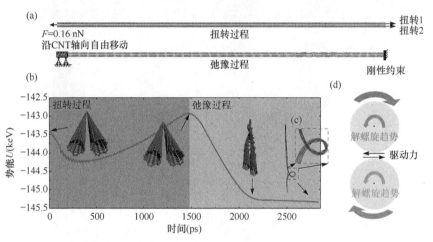

图 3-2　(a)平行碳纳米管的独立扭转过程示意图；(b)扭转和弛豫过程中势能随时间的变化曲线；
(c)局部放大图；(d)自组装驱动示意图

3.2.3　一级螺旋碳纳米管纤维拉伸断裂机制

为了研究双螺旋碳纳米管纤维的拉伸行为和断裂机制，图 3-3(a)，(b)给出了两种不同模式下的拉伸应力-应变曲线和相应的拉伸示意图。可以看出，应力最初随应变的增大而增大，直到应力达到峰值。之后，当 $|m| = |n|$(模型Ⅰ)时，应力突然降为零，同时两个碳纳米管同步断裂。此外，在断裂边缘观察到锯齿形裂纹扩展和单原子卡拜，这与其他工作的观察结果一致。这种拉伸断裂行为与单根碳纳米管断裂形式类似。而当 $|m| \neq |n|$(模型Ⅱ)时，则出现逐步断裂的情况，受拉伸载荷的作用，扭转圈数较多的碳纳米管首先发生断裂，然后随着拉伸应变的进一步增加，另一个扭转圈数较少的碳纳米管完全断裂。这表明，自扭转程度的增加会影响碳纳米管的力学性能。这也表明，可以通过调整自扭转参数来控制整个纤维结构的断裂行为。此外，研究发现这种逐步断裂形式与参数 κ 无关。为了揭示拉伸过程中纤维的力学行为与断裂机制，选择模型Ⅱ进行讨论。拉伸过程中的相关键长和键角信息如图 3-3(d)～(f)所示。如图 3-3(c)所示，CNT#1($m = -4$)和

CNT#2($n = 0$)缠绕圈数不同。从图 3-3(e)，(f)中可以发现键长和键角信息有显著差异。随着应变的增加，由于键 1-2 和 4-5 是垂直于加载方向的，因此其键长并没有较大变化，而其他共价键受拉伸载荷的作用而逐渐拉伸。当 CNT 没有自扭时，键 2-3 和键 3-4 结构对称，因而二者的数值基本一致。然而，当碳纳米管发生自扭时，这种六边形晶格的对称性被打破，这会导致在相同应变下，其中一个的伸长率总是高于另一个，并预先破坏，从而削弱碳纳米管纤维的机械强度。对于键角，拉伸应变的增大会导致键角 2-3-4 增大，键角 1-2-3 和键角 3-4-5 减小。同时，CNT#1 中 3-4 键的提前断裂会导致 2-3-4 角的峰值下降。

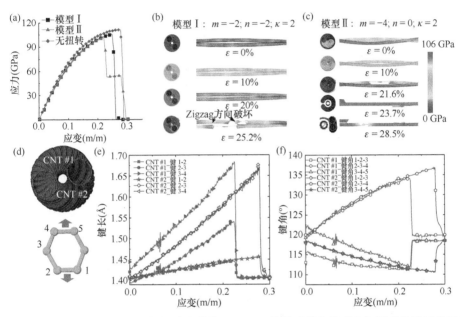

图 3-3　(a)模型 I 和模型 II 的应力-应变曲线；(b)，(c)拉伸过程中模型 I 和模型 II 的示意图和米塞斯应力着色的原子；(d)模型 II 的俯视图和受拉六边形单元格示意图；(e)，(f)CNT#1 和#2 的键长和键角信息与拉伸应变的关系

接下来研究了扭转参数 κ(代表整体扭转)对螺旋形态的影响。当 κ 相对较小(如 $\kappa = 2$)时，碳纳米管的截面在扭转过程中保持圆形，这得益于碳纳米管优异的抗扭转性能。但当 κ 超过一个临界值($\kappa \geqslant 4$)时，高扭转度会导致碳纳米管的截面由于强烈的管间压缩相互作用而发生明显的椭圆变形。研究发现，这种变形机制对拉伸行为没有影响[图 3-4(a)]，但由于内部扭转应力分布不均匀，类线圈状的碳纳米管之间有较强的自锁效应，会导致螺旋形貌不均匀[图 3-4(b)]。当初始结构受到一定的拉伸载荷时，非均匀螺旋状态便可以逐渐恢复到完美的螺旋状态。

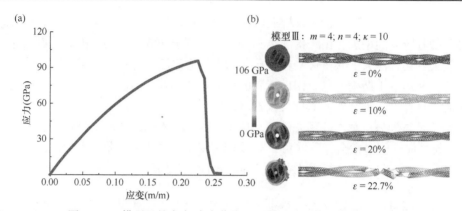

图 3-4 (a)模型Ⅲ的应力-应变曲线；(b)模型Ⅲ的拉伸过程示意图

　　此外，为了进一步说明碳纳米管数量对螺旋碳纳米管纤维力学性能的影响，选取了三种碳纳米管数量不同的典型模型，分别为 $m = n = -2$ 和 $\kappa = 2$。图 3-5(a)，(b)分别为三种螺旋碳纳米管纤维的截面形貌及相应的应力-应变曲线。结果表明，随着碳纳米管数量的增加，复合材料的抗拉强度和杨氏模量均降低。为了阐明这一机制，定义了 λ 参数来表征螺旋碳纳米管纤维拉伸过程中键长的分布。图 3-5(c)，(d)为三种模型在相同应变 20% 下的键长分布的比值。可以清楚地看到，

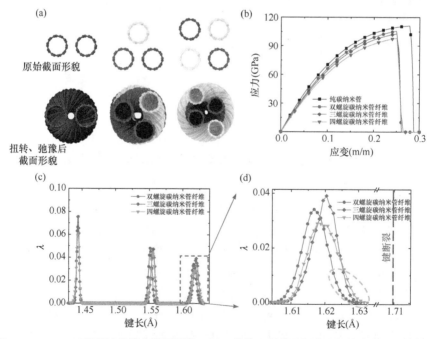

图 3-5 (a)，(b)三种碳纳米管个数不同的 HCNF 的截面形貌及相应的拉伸应力-应变曲线；(c)拉伸应变为 20%时螺旋碳纳米管纤维中键长分布的比值；(d)(c)图键长分布比例的局部放大图

随着碳纳米管数量的增加，键的拉伸明显增加，说明螺旋碳纳米管纤维发生脆性断裂的时间较早。主要原因是采用这种扭转方法，螺旋碳纳米管纤维的外部共价键会受到较大的扭转效应。随着碳纳米管数量的增加，螺旋碳纳米管纤维的直径增大，扭曲效应也增大。本研究选择了双螺旋碳纳米管纤维作为基础研究单元，因为简单的螺旋结构便于揭示碳纳米管纤维的断裂失效机制。

3.2.4　一级螺旋碳纳米管纤维拉伸力学性质

扭转参数对断裂强度、杨氏模量、断裂韧性等拉伸力学性能的影响如图 3-6、图 3-7、图 3-8 所示。在本研究中，断裂强度定义为最大应力。所有双螺旋碳纳米管纤维的计算断裂强度均在 46～111 GPa 范围内。κ 小于 4 时，断裂强度主要由 m 和 n 决定，κ 的影响相对较弱，断裂强度随$|m|$和$|n|$的增加而降低。κ 从 6 逐渐增加到 10 时，开始发挥重要作用，可导致断裂强度显著下降。而当$|m| = |n|$时，κ 的影响较小，并且$|m| = |n|$情况下的纤维断裂强度总是高于$|m| \neq |n|$情况下的纤维断裂强度。特别是当 m、n、$\kappa = 0$ 时，对应平行碳纳米管纤维的情况，断裂强度的最大值可达 111 GPa。对于杨氏模量，平行碳纳米管纤维最大，为 0.9 TPa，且随着 κ 的增加而减小。而当 κ 在 0～4 范围内时，随着$|m|$和$|n|$的增加，杨氏模量的下降趋势较为缓慢。相反地，当 κ 超过 4 时，纤维的杨氏模量明显下降。随着$|m|$和$|n|$的增加，双螺旋碳纳米管纤维的断裂韧性降低，范围为 7～21 J/m³。此外，与自扭转效应相比，整体扭转效应对断裂韧性的影响较小。特别是当 $m = n = 0$ 时，双螺旋碳纳米管纤维的断裂韧性达到最大值。

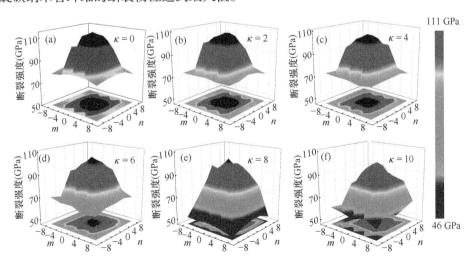

图 3-6　双螺旋碳纳米管纤维相对于自扭转(m 和 n)和整体扭转(κ)的断裂强度

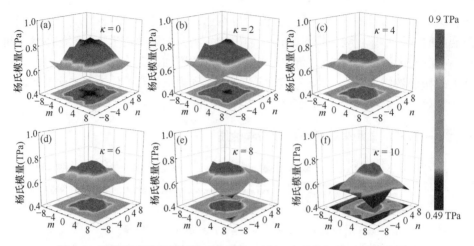

图 3-7　双螺旋碳纳米管纤维对自扭转(m 和 n)和整体扭转(κ)的杨氏模量

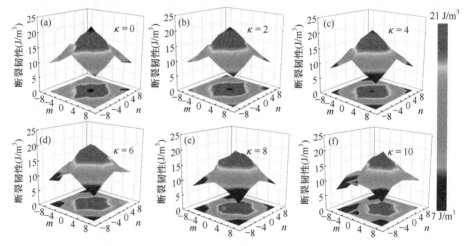

图 3-8　双螺旋碳纳米管纤维对自扭转(m 和 n)和整体扭转(κ)的断裂韧性

3.3　多级螺旋碳纳米管纤维拉伸力学性质理论预测模型

3.3.1　多级螺旋碳纳米管纤维粗粒化模型

本节将(5, 5)单壁碳纳米管和(8, 8)-(12, 12)双壁碳纳米管作为多级螺旋碳纳米管纤维的组成部分。采用粗粒化模型，长度为 100 nm，单壁碳纳米管和双壁碳纳米管的粗粒化间距分别设置为 10 Å 和 19 Å。如图 3-9 所示，在构造多级螺旋的过程中进行了两次扭转操作。在步骤 I 中，将每根碳纳米管围绕其所在股的轴心扭转 M_1 圈($M_1 = 1$、2、3、4、5、6、7、8)，形成一级螺旋结构，并在步骤 II 中按

扭转 M_2 圈($M_2 = 1$、2、3、4、5)，形成二级螺旋结构。$\alpha = \tan^{-1} \dfrac{2\pi R_r M_2}{L_r}$ 和 $\beta =$

$\tan^{-1} \dfrac{2\pi R_p M_1}{\sqrt{L_p^2 + \left(2\pi L_p\left(M_2 + M_1\right)\right)^2}}$，分别是每根扭转角和每股扭转角，其中 R_r、L_r 和

R_p、L_p 分别为粗粒化分子动力学模拟弛豫过程后的纤维根和股的半径和长度。本节考虑了四种不同情况，如图 3-9(e)所示，f 和 p 分别为多级螺旋碳纳米管纤维中的碳纳米管根数和股数。

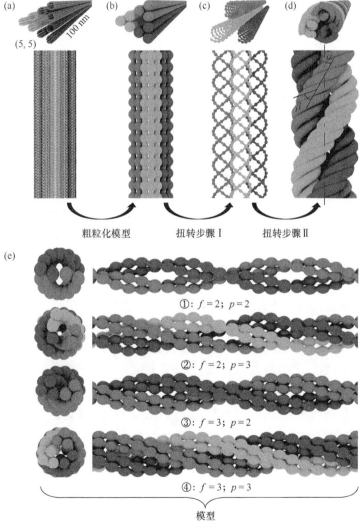

图 3-9　(a)～(d)碳纳米管纤维相关结构参数；(e)四种不同的多级螺旋碳纳米管纤维的主视图和侧视图

对于粗粒化模型，粗粒化粒子之间的相互作用是通过粗粒化共价键、粗粒化角来计算的。粗粒化碳纳米管中的键拉伸能表示为 $U_t = k_t(r - r_0)^2/2$，其中 k_t 是与碳纳米管杨氏模量和截面有关的弹性常数，r_0 是两粒子之间的平衡距离。粗粒化碳纳米管的弯曲能为 $U_b = k_b(\theta - \theta_0)^2/2$，其中 k_b 为与碳纳米管弯曲刚度相关的弯曲弹性常数，θ_0 为相邻三个粒子的角度。对于不同碳纳米管间的范德华相互作用，采用标准的 12-6 Lennard-Jones 公式 $U_{vdw} = 4\varepsilon[(\sigma/r)^{12} - (\sigma/r)^6]$。值得注意的是，这里不考虑碳纳米管的扭转变形，因为与共价键变形和键角变形相比，扭转变形可以忽略不计。碳纳米管粗粒化参数如表 3-1 所示。

表 3-1　单壁碳纳米管和双壁碳纳米管的粗粒化模型参数

参数	单壁碳纳米管(5, 5)	双壁碳纳米管(8, 8)-(12, 12)
平衡距离 r_0 (Å)	10	10
拉伸刚度参数 k_t [kcal/(mol · Å²)]	1000	3760
平衡角 θ_0(°)	180	180
弯曲刚度参数 k_b(kcal/mol)	14300	180000
Lennard-Jones 参数 ε(kcal/mol)	15.1	21.6
Lennard-Jones 参数 σ(Å)	9.35	19.70
粗粒化截断键长(Å)	12.7	12.8

利用 LAMMPS 分子动力学模拟软件，基于表 3-1 所示的粗粒化参数对碳纳米管纤维模型进行粗粒化分子动力学模拟。粗粒化分子动力学模拟的具体过程如下：利用共轭梯度法对多级螺旋进行 100 ps 的弛豫，以保证多级螺旋可以静态弛豫到局部能量最小化；所有的粗粒化分子动力学模拟都采用了 1 fs 的时间步长。在弛豫过程中，在 NPT 系综下，允许多级螺旋轴向在恒温 100 K，0 GPa 压力下收缩或膨胀。在 NVE 系综下，弛豫后多级螺旋以一个恒定应变率 0.0001 ps⁻¹ 实现拉伸变形。系统的整体受力由每个粒子上应力的求和得到，应力可以通过 $\sigma = F_n / S$ 求出，螺旋模型的整体受力 F_n 沿多级螺旋轴方向。S 为多级螺旋的截面积，可根据椭圆面积公式 $S = \pi(L_x + D_{vdw})(L_y + D_{vdw})/4$ 计算，其中 L_x 和 L_y 为椭圆形状的长度和宽度，D_{vdw} 为范德华截断距离，取 3.4 Å。

3.3.2　多级螺旋碳纳米管纤维的断裂强度和杨氏模量

在本研究中，构建了四种类型的多级螺旋碳纳米管纤维，每种类型多级螺旋碳纳米管纤维都具有两个结构参数 α 和 β。图 3-10(a)为生成的多级螺旋碳纳米管纤维的截面图，①～④代表四种不同的多级螺旋碳纳米管纤维，图 3-10(b)为具有代表性的多级螺旋碳纳米管纤维的拉伸应力-应变曲线。可以看出，四种不同的多级螺旋碳纳米管纤维均为线弹性。当超过临界应变时，体系拉伸应力达到最大值后迅速下降至零，属于典型的脆性断裂破坏。四种多级螺旋结构的断裂强度和拉伸断裂应变也存在差异，最大断裂强度和最小拉伸断裂应变分别为 $f = 3$、$p = 2$ 和 $f = 2$、$p = 2$。以 $f = 2$、$p = 2$ 和 $f = 3$、$p = 3$ 为代表的多级螺旋的应力降为零，表示完全破裂。而对于具有 $f = 2$、$p = 3$ 和 $f = 3$、$p = 2$ 的多级螺旋，在第一次应力下降后又出现了一个峰值，表明在多级螺旋失效时，部分碳纳米管仍未断裂。以 $f = 3$、$p = 2$ 为参数的多级螺旋第二峰值应力比以 $f = 2$、$p = 3$ 为参数的多级螺旋第二峰值应力高 1 倍以上。第二个峰值之后，应力立即降为零，表明完全断裂。

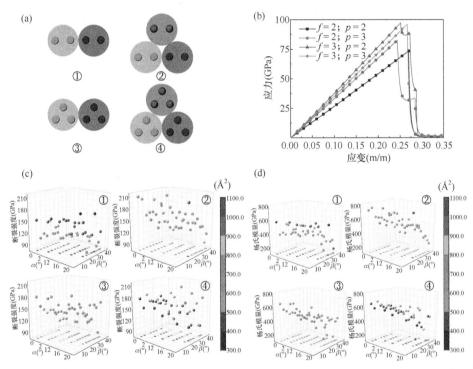

图 3-10　(a)多级螺旋截面中纤维的排列方式；(b)具有代表性的多级螺旋碳纳米管纤维应力-应变曲线($\alpha = 7.26°$，$\beta = 17.53°$)；(c)，(d)不同参数 α 和 β 的所有多级螺旋碳纳米管纤维的断裂强度和杨氏模量

　　改变多级螺旋的结构参数 α 和 β，虽然应力-应变响应特征相似，但均对多级螺旋纤维的断裂强度和杨氏模量产生影响。图 3-10(c)，(d)展示了在结构参数 α 和 β 下四种类型的多级螺旋碳纳米管纤维的断裂强度和杨氏模量。可以发现所有的多级螺旋截面都在 300～1100 Å^2，它与扭转角 α 和 β 高度相关，④型多级螺旋碳纳

米管纤维的平均值高于其他三种多级螺旋碳纳米管纤维。

显然，这四种不同破坏形式的多级螺旋碳纳米管纤维应力分布不均在很大程度上由α和β决定。当α和β取最小值时，多级螺旋碳纳米管纤维最高的断裂强度约为 210 GPa。这是因为在多级螺旋碳纳米管纤维结构中的碳纳米管纤维螺旋程度最低，轴向承载能力更高。相比之下，当α和β都较大时，多级螺旋通常具有较低的断裂强度。如图 3-10(c)所示，四种多级螺旋的最低断裂强度分别为 77.93 GPa、90.38 GPa、80.57 GPa 和 96.43 GPa。对于$f=2$、$p=3$的多级螺旋碳纳米管纤维，当α较小时，随着β的增加，断裂强度略有减小；随着β从 3°增加到 14°，断裂强度从 210.42 GPa 降低到 174.33 GPa。同样，当β固定为低值时，随着α在 3.6°到 18.4°之间变化，断裂强度在 210.42～192.52 GPa 区间变化。这表明扭转角很小，改变β能更有效地调整多级螺旋碳纳米管纤维的断裂强度。最低的断裂强度发生在由数量最少碳纳米管纤维组成的多级螺旋结构中，具有较大的α和β。这主要来自多级螺旋能承载的碳纳米管较少且密度更低(具有更大的截面)。然而，随着α和β的优化，由更多根数和股数的碳纳米管组成的多级螺旋强度更高，范围在 150～210 GPa。这说明，只要对扭转角α和β进行结构优化，就可以构造出具有高强度的多级螺旋碳纳米管纤维。

图 3-10(d)为不同扭转角α和β下四种多级螺旋碳纳米管纤维的杨氏模量散点图。同样地，杨氏模量紧密依赖于α和β。多级螺旋碳纳米管纤维中较小的α和β通常会导致更高的杨氏模量，而较高的α和β会导致低的杨氏模量。本工作考察了杨氏模量从 96.43 GPa 到 742.90 GPa 的所有多级螺旋结构。四种多级螺旋碳纳米管纤维的杨氏模量分别为 110.03～566.23 GPa、218.13～742.90 GPa、107.86～625.49 GPa 和 96.43～660.59 GPa。大多数多级螺旋的杨氏模量都在 400 GPa 以上，在特定的扭转角α和β下，由于较高的密度，②和④型多级螺旋比其他两种多级螺旋杨氏模量更高。研究结果表明，与调控α相比，调控β可以更有效地调控多级螺旋碳纳米管纤维的杨氏模量。

图 3-11 为由双壁碳纳米管组成的多级螺旋纤维结构的力学性能。图 3-11(a)说明纤维拥有显著的线弹性行为。图 3-11(b)，(c)为纤维结构的断裂强度和杨氏模量($f=3$；$p=3$)，每个着色的数据点对应不同的横截面积，纤维结构的截面在 3395～4835 Å² 之间，这比多级螺旋碳纳米管纤维的截面要大得多，这主要是由于粒子之间的距离更大。结果表明，大多数多级螺旋的断裂强度和杨氏模量分别超过 140 GPa 和 250 GPa，这与单壁碳纳米管多级螺旋类似，说明β对断裂强度和杨氏模量的影响高于α，同时说明碳纳米管的层数对这种多级螺旋结构的影响并不大。

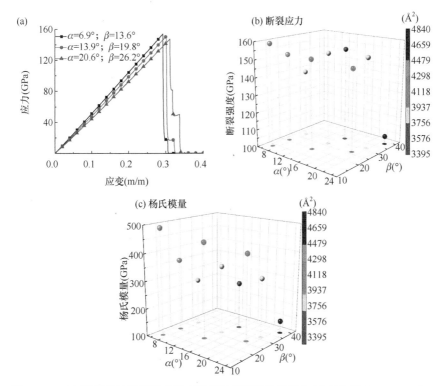

图 3-11 (a)由双壁碳纳米管组成的多级螺旋纤维结构的应力-应变曲线($f=3$；$p=3$)；
(b)，(c)具有不同参数α和β的纤维结构的断裂强度和杨氏模量($f=3$；$p=3$)

3.3.3 多级螺旋碳纳米管纤维的拉伸断裂机制

图 3-12(a)展示了四种在拉伸过程中扭转角α和β相似的多级螺旋碳纳米管纤维。①号纤维在脆性断裂前的应力分布是均匀的，一旦拉伸应变达到 27%左右，所有的多级螺旋纤维几乎同时断裂，也称为Ⅰ型断裂失效模式。而其他的多级螺旋碳纳米管纤维在破坏前加载应力是不均匀分布的，当应变超过临界应变时，高应力集中的多级螺旋纤维首先断裂，而剩余碳纳米管继续承载直至全部断裂，这种失效模式称为Ⅱ型。图 3-12(b)比较了四种多级螺旋碳纳米管纤维刚刚发生断裂时的截面图。所有失效的多级螺旋都显示出独特的花朵状图案，发现这些多级螺旋之间的键断裂位置是不同的，除①号纤维外，其他三个多级螺旋碳纳米管纤维的内部都发生了失效。图 3-12(c)给出了键长和键角与四个多级螺旋碳纳米管纤维拉伸应变的关系，①号纤维和②号纤维在断裂前键长和键角均随应变的增加而线性增加，这相当于多级螺旋的弹性阶段拉伸。相比之下，②号纤维多级螺旋的键长比①号纤维多级螺旋的键长增加更显著，而键角则相反。键长和键角的快速下降反映了多级螺旋的破坏。③号纤维和④号纤维的键长和键角在拉伸过程中均呈

非线性变化，例如在 0.20～0.22 左右的应变状态下，④号纤维多级螺旋的键长明显减小，④号纤维的键角有两个上升过程，然而在后期的弹性变形过程中，键角-应变曲线出现了明显的振荡，这是由于拉伸应变达到临界值后，碳纳米管局部重新排列以释放所施加的应变能。

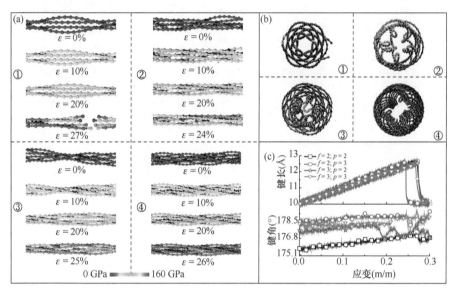

图 3-12　(a)具有代表性的多级螺旋在拉伸过程中的应力分布；(b)断裂时多级螺旋的形貌图；(c)键长、键角与拉伸应变关系曲线

　　碳纳米管纤维主要分为不连续纤维和连续纤维。不连续的碳纳米管纤维是由相对较短的碳纳米管纺成的，其中碳纳米管长度远小于纤维长度。碳纳米管之间的相互作用和滑移破坏对碳纳米管纤维中的应力传递起着关键作用。而对于连续纤维，碳纳米管长度等于纤维长度。一些研究表明，连续型碳纳米管纤维的力学性能远高于非连续型碳纳米管纤维，这是由于碳纳米管自身的应力传递能力远高于碳纳米管界面的应力传递能力。迄今为止，对连续碳纳米管纤维的力学行为及其破坏机制的研究还很有限。基于此背景，本研究着重探讨了连续碳纳米管基多级螺旋碳纳米管纤维的力学性能。在该工作中，发现多级螺旋中的连续纤维在整个拉伸过程中都被均匀拉伸，因此纤维之间没有明显的滑动。另外，单层碳纳米管纤维的断裂表面大多是扁平的，没有出现滑移现象，而部分多级碳纳米管纤维的断口不均匀，导致部分碳纳米管之间发生剪切滑动，如图 3-13 所示。但是，这种滑动对连续纤维结构力学行为的贡献可以忽略不计。

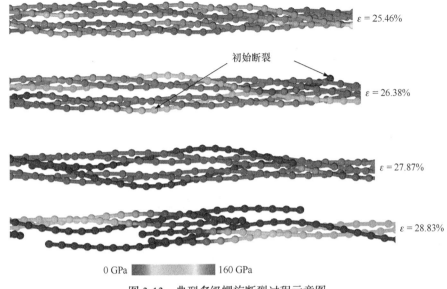

图 3-13　典型多级螺旋断裂过程示意图

　　为了进一步理解由共价键断裂而导致的多级螺旋纤维失效的破坏机制，图 3-14(a)绘制了破坏前键长的整体分布。研究发现在多级螺旋碳纳米管纤维的每根碳纳米管上的共价键都是非均匀拉伸的，键长在 12.3～12.7 Å 左右，这也解释了图 3-12(a)中应力分布的非均匀性。每个碳纳米管沿螺旋轴向键长呈现周期性振荡，振荡峰之间的距离约为 20～30 个粗粒化粒子。此外，不同键长的碳纳米管交错排列，表明在多级螺旋碳纳米管纤维相同位置的共价键被非均匀拉伸。同时还发现，所有的高度受拉的共价键都位于多级螺旋碳纳米管纤维的内部。图 3-14(b)为多级螺旋碳纳米管纤维不同纤维的内部共价键和外部共价键的键长-应变曲线，相比之下，在初始阶段内、外部共价键长度均随多级螺旋碳纳米管纤维的弹性拉伸呈线性增加，但内部共价键的拉伸程度比外部共价键的大。在伸长过程中，所有的多级螺旋纤维都有一种轴向张力，并在张力方向有 Δr 的位移。对于 II 型失效模式，研究发现中心纤维段 (Δr_1) 与外部碳纳米管段 (Δr_2) 的结合伸长均为 $\Delta r_1 > \Delta r_2$；每根碳纳米管的片段都可以位于多级螺旋碳纳米管纤维的中心和外部位置，由于受到邻近纤维的限制，中心节 (Δr_1) 的伸长不能轻易转移到外部，如图 3-14(b)所示，在相同应变下，内部共价键比外部共价键伸长得更长，说明内部共价键因拉伸程度较大而断裂。

　　图 3-15 所示为结构参数为 $f=2$、$p=2$ 和 $\alpha=7.33°$、$\beta=24.08°$ 的多级螺旋碳纳米管纤维断裂前后的结构示意图。从图 3-15(a)中可以看出，与其他沿螺旋构型呈现均匀节距的多级螺旋不同，该多级螺旋呈现非均匀的螺旋构型，即相邻螺旋构型之间的节距是不同的。因此，应力高度集中在螺距较大的螺旋形结构中，失

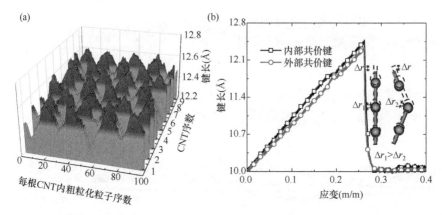

图 3-14　(a)多级螺旋碳纳米管纤维断裂前的键长分布；(b)内部共价键和外部共价键长度与拉伸
应变的关系

效开始于应力集中的螺旋形结构位置，这种失效模式称为Ⅲ型。这种情况多发生在 α 较高、β 较低的多级螺旋碳纳米管纤维上。在拉伸过程中，碳纳米管之间的相互作用会变得更强，每根碳纳米管也不会保持完美的螺旋状态，因为第二步的大扭转角会将单根碳纳米管的扭曲构型破坏，随后使得多级螺旋碳纳米管纤维具有这种不均匀的螺旋构型。然而，由于高度的应力集中，这种破坏模式的多级螺旋碳纳米管纤维具有相当低的断裂强度。图 3-15(b)显示了局部区域结构形貌和能量分布，与应力分布相似，拉伸能和弯曲能也是非均匀分布的，拉伸能和弯曲能在同一段上的分布不同，失效碳纳米管具有较高的拉伸能和较低的弯曲能。

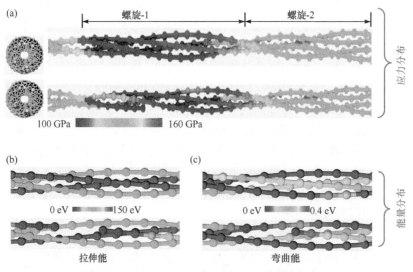

图 3-15　Ⅲ型破坏模式的应力分布和能量分布

3.4　随机分布碳纳米管纤维拉伸力学性质理论预测模型

本节构建了随机分布的碳纳米管纤维，并基于粗粒化分子动力学模拟研究了其拉伸力学性能，揭示了扭转-压缩过程的力学增强机制，并研究了相关结构参数的影响。这项工作为高性能碳纳米管纤维的力学增强提供了深入的理解，并为其结构设计和将来的实际应用奠定了基础。

3.4.1　随机分布碳纳米管纤维粗粒化模型

在拉伸加载之前需要对初始碳纳米管纤维进行静态弛豫，其中能量和力公差分别设置为 1.0×10^{-6} kcal/mol 和 1.0×10^{-6} kcal/(mol · Å)。然后，在温度为 100 K 的 NVT 系综作用下，将碳纳米管纤维进一步弛豫 700 fs。拉伸应变率设定为 0.00002 ps^{-1}。

如图 3-16(a)所示，利用手性(5, 5)单壁碳纳米管来构建碳纳米管纤维，其中两个粒子之间的距离为 10 Å。相应的变形能量表示如下：

$$\begin{cases} U_t = k_t \left(r - r_0 \right)^2 / 2 \\ U_b = k_b \left(\beta - \beta_0 \right)^2 / 2 \\ U_{\text{vdw}} = 4\varepsilon \left[\left(\dfrac{a}{r} \right)^{12} - \left(\dfrac{a}{r} \right)^6 \right] \end{cases} \tag{3-1}$$

式中，U_t、U_b 和 U_{vdw} 分别为键拉伸能、弯曲能和范德华相互作用能；k_t 和 k_b 为粗粒化碳纳米管的弹性常数和角弹性常数；r_0 和 β_0 为平衡条件下三个相邻粒子的粗粒化键长度和角度。值得注意的是，与扭曲和压缩引起的弯曲变形相比，碳纳米管的扭转变形非常小，在这项工作中可以忽略不计。

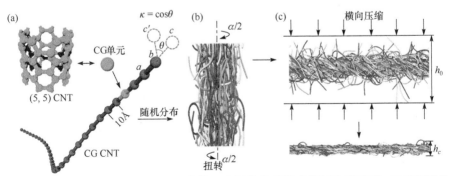

图 3-16　(a)(5, 5)碳纳米管粒子的粗粒化模型和粗粒化碳纳米管制造示意图；(b)对随机分布碳纳米管纤维进行扭转操作；(c)对随机扭转碳纳米管纤维进行压缩操作

为了构建碳纳米纤维，碳纳米管的弯曲形态由 $\kappa = \cos\theta$ 描述，其中角度 θ 的

定义如图 3-16(a)所示。在碳纳米管的形成过程中，允许在角度小于 θ 的区域产生粒子 c'，从而可以通过调节 κ 来控制碳纳米管的弯曲程度。碳纳米管纤维的初始构型是通过将弯曲的碳纳米管随机填充到一个 50 nm × 50 nm × 300 nm 的盒中形成的。为了简化模型，研究者对碳纳米管中的所有碳纳米管取相同的长度 L。完全弛豫后碳纳米管纤维的初始截面高度 h_0 约为 75 nm。典型的粗粒化碳纳米管纤维模型如图 3-16(b)所示。然后，需要对碳纳米管纤维进行一个扭转过程，在此工作中设置扭转角 α 从 0° 到 1080°。随后，碳纳米管纤维被两个假定的刚性板以 0.01 Å/ps 的恒定压缩速度压缩，由此碳纳米管纤维的高度从 h_0 减小到 h_c[图 3-16(c)]。碳纳米管纤维表现出塑性变形，一部分碳纳米管可以通过压缩载荷后的范德华相互作用吸附到碳纳米管纤维表面。

3.4.2　随机分布碳纳米管纤维的拉伸断裂机制

首先研究碳纳米管纤维的拉伸力学行为。图 3-17(a)为两种代表性的无压缩和有压缩操作的碳纳米管纤维的拉伸示意图，其中长度(L)为 300 nm，$\kappa = 0.866$，$\alpha = 1080°$。图 3-17(b)是比应力-应变和能量-应变的曲线。由于碳纳米管纤维的横截面积很难精确确定，因此采用了比强度(specific strength)和比模量(specific modulus)

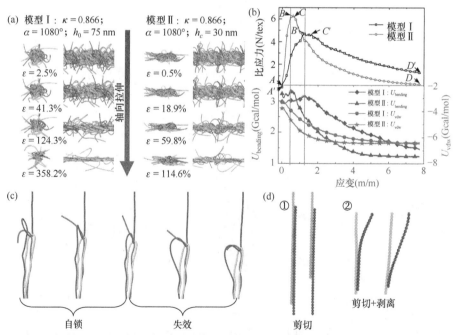

图 3-17　(a)拉伸过程中代表性模型 I 和模型 II 示意图；(b)模型 I 和模型 II 的比应力-应变曲线和能量-应变曲线；(c)碳纳米管结在拉伸过程中自锁和自锁失效示意图；(d)随机分布碳纳米管纤维中碳纳米管之间的典型剪切和剥离行为

来分析纤维结构的力学性能。比强度是材料的性质，可以用 F_{max}/ρ 来计算，其中 F_{max} 是纤维最大拉伸力，ρ 是随机分布碳纳米管纤维的线密度。随机分布碳纳米管纤维的整个拉伸过程主要分为三个阶段。第一阶段(AB/A'B')，在这种缠绕结构中可以发现一些碳纳米管结，并且可以通过拉伸诱导的自锁机制承受较高载荷[图 3-17(c)]。在这个阶段，比应力(specific stress)随着拉伸应变的增加几乎线性增加，直到达到最高值(点 B/B')。然后进入第二阶段(BC/B'C')，表现出明显的屈服行为，比应力略有波动。这主要归因于碳纳米管结的解开过程和随后的碳纳米管之间的剪切/剥离失效[图 3-17(d)]。此后，比应力迅速降低，弯曲能也相应降低，这是因为在此阶段(CD/C'D')大多数碳纳米管相互分离在压缩载荷后($h_c = 30$ nm)，断裂强度可提高 34.5%。然而，拉伸力学行为并没有明显差异。另外，在整个拉伸过程中，观察到随机分布碳纳米管在一定程度上会趋于同一方向，这可以导致范德华相互作用的增加[图 3-17(b)]，从而有助于增强结构的抗拉能力。

3.4.3 随机分布碳纳米管纤维的比强度和比模量

进一步研究压缩过程对 $\alpha = 720°$，从 50 nm 到 300 nm 不同长度 L 碳纳米管的比强度和比模量的影响。如图 3-18(a)，(b)所示，对于未压缩的随机分布碳纳米管纤维，比强度随着长度的增加从 0.35 N/tex 逐渐增加到 4.09 N/tex，当长度不高于 200 nm 时，比模量没有明显变化，只有当长度为 300 nm 时，比模量可增加到 19.8 N/tex。相比之下，对于压缩的碳纳米管纤维，比强度和比模量都可随着长度的增加而显著提高。此外，观察到压缩效应可以有效地使纤维结构致密化，从而可以同时提高碳纳米管的弯曲度和范德华相互作用。更重要的是，这个过程可以加固碳纳米管结，进而提高应力传递效率[图 3-18(c)，(d)]。

除压缩操作外，还研究了碳纳米管的初始弯曲和扭转操作对增强随机分布碳纳米管纤维的力学性能的作用。如图 3-19(a)，(b)所示，当 $\kappa = 0$ 时，对应于碳纳米管较大的初始弯曲度，随着 α 从 0° 增加到 1080°，比强度和比模量的变化不明显，这主要是因为在这种情况下扭转操作可以导致碳纳米管形态从曲线形状转变为直

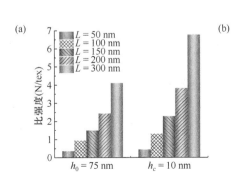

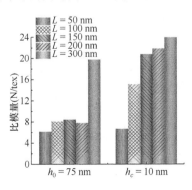

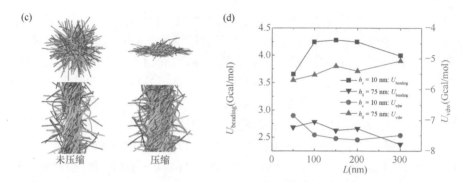

图 3-18　(a)，(b)不同碳纳米管长度的未压缩和压缩随机分布碳纳米管纤维的比强度和比模量；
(c)未压缩和压缩的随机分布碳纳米管纤维的俯视图和侧视图；(d)未压缩和压缩的随机分布
碳纳米管纤维相对于不同长度的碳纳米管的 $U_{bending}$ 和 U_{vdw}

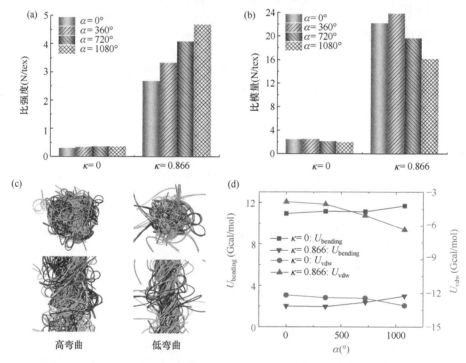

图 3-19　(a)，(b)不同初始弯曲度的高弯曲和低弯曲随机分布碳纳米管纤维的比强度和比模量；
(c)高弯曲和低弯曲随机分布碳纳米管纤维的俯视图和侧视图；(d)高弯曲和低弯曲随机分布
碳纳米管纤维的 $U_{bending}$ 和 U_{vdw} 与不同扭转角的关系

线形状，这可以减少碳纳米管结的数量。而当 $\kappa = 0.866$ 时，比强度可以通过增加
α 来提高，比模量随着 α 的增加而呈降低趋势。对于碳纳米管初始弯曲度较小的情
况，在扭转过程中，一些碳纳米管倾向于重新排列，在拉伸过程中碳纳米管之间

的接触面积显著提高[图 3-19(c)，(d)]。最后，注意到虽然含 $\kappa = 0$ 的碳纳米管的范德华相互作用强于含 $\kappa = 0.866$ 的随机分布碳纳米管纤维，但当随机分布碳纳米管纤维受到轴向拉伸时，弯曲程度较高的碳纳米管会使碳纳米管变松，从而导致比强度和比模量降低。

分别取 $L = 300$ nm 和 $\kappa = 0.866$ 对随机分布碳纳米管纤维的扭曲和压缩性能进行研究。发现随着扭曲和压缩程度的增加，比强度可以增加到最大值 8.3 N/tex。然而，虽然比模量随着压缩 h_c 的减少而增加，但是随着扭转角 α 的增加而降低。这主要归因于扭曲和压缩操作都有助于弯曲，通过弯曲可以增强碳纳米管结承受拉伸载荷的能力，从而可以提高比强度。然而，高度弯曲的一些碳纳米管在压缩载荷后会过度弯曲，这可能导致碳纳米管纤维在轴向拉伸过程中快速松开，使得碳纳米管纤维的比强度和比模量受损。值得注意的是，这一结论不同于实验结果，其中比模量可以通过增加扭转角来提高，因为碳纳米管的弯曲程度与碳纳米管的初始状态有关。此外，研究发现当 h_c 大于 45 nm 时，压缩效应可以忽略，因为碳纳米管纤维外部碳纳米管的分布密度相对较小，只有少数碳纳米管受到压缩载荷。

3.5　碳纳米管纤维内部管间界面失效分析

近些年，碳纳米管被用来制备一系列高性能材料，其中包括碳纳米管纤维[203-211]、薄膜以及块体材料[图 3-20(a)～(c)][212-216]，这类材料拥有高强度、高刚度、高比表面积以及低密度等特点[217-219]。构建这类多功能材料的连接机制为碳纳米管之间通过自组装方式相互搭接形成界面，如图 3-20(d)，(e)所示，搭接界面可以分为侧壁搭接界面以及端部搭接界面，这两种搭接界面的力学特征为这类多功能材料力学基础。

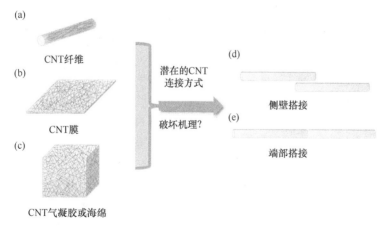

图 3-20　(a)碳纳米管纤维；(b)碳纳米管薄膜；(c)碳纳米管气凝胶或海绵；(d)两单根碳纳米管侧壁搭接界面；(e)两单根碳纳米管端部相互搭接界面

目前为止，关于上述两种搭接界面实验和理论力学方面的研究鲜有报道，Suekane 等[220]将微纳米操纵系统与透射电镜相结合考察了两单根碳纳米管侧壁搭接界面的静摩擦力，他们发现碳纳米管表面的粗糙程度在静摩擦力方面扮演着重要角色，而碳纳米管之间的范德华相互作用则扮演着次要角色。Wei 等[221]采用原位扫描电镜技术结合理论模型研究了碳纳米管侧壁相互作用机制，获得了碳纳米管之间最大剪切力与相互搭接长度之间的关系，同时，他们发现当碳纳米管相互搭接长度在一定范围内，最大剪切力随着搭接长度的增加而线性增加，而当搭接长度超过某一临界值时，最大剪切力趋于饱和。Li 等[222]采用分子动力学模拟方法得出了两单根碳纳米管之间的界面剪切强度在 0.05～0.35 GPa 范围内，同时他们发现这一力学参数与碳纳米管的手性有关。Nagataki 等[223]考察了两根碳纳米管端部之间共价键连接对最大拉拔力的影响，他们发现碳纳米管端部之间相互作用力不仅与共价键个数有关，而且与共价键的扭转程度有关。目前为止，鲜有关于两单根碳纳米管开口端部基于范德华相互作用的报道，因此在本节详细讨论两单根碳纳米管侧壁以及端部在范德华相互作用下的拉伸失效机制。

3.5.1 两单根碳纳米管之间的剪切失效

1. 原位剪切测试

首先从碳纳米束中选取具有碳纳米管附着的碳纤维结构，在光学显微镜下将其切成长度为 3 mm 的几段短纤维；然后将这些短纤维固定于特制的金属托架上。将制备好的试样和带有力传感器的原子力针尖一同放置于扫描电镜的腔腔内，通过扫描电镜的放大作用实现微纳米尺度力学实验。通过微纳米操纵将原子力针尖涂抹一层扫描电镜专用胶，将带有胶水的原子力针尖与碳纤维上某一单根碳纳米管的自由端相互接触,在强电子辐照下碳纳米管端部牢固地固定于原子力针尖上，沿着垂直且背离碳纤维表面的方向移动原子力针尖，直到碳纳米管从纤维表面剥离，然后再通过微纳米操纵将原子力针尖上的碳纳米管侧壁与碳纤维表面上另一单根碳纳米管侧壁相互接触，进而形成侧壁相互搭接界面(图 3-21)。为了实现两根碳纳米管之间的拉伸加载，将原子力针尖沿着垂直于碳纤维表面且背离碳纤维表面方向匀速加载，直到所形成的界面发生完全破坏。

2. 剪切失效力学行为

图 3-22(a)为一典型的拉伸力-位移曲线，其中定义沿着加载方向整个碳纳米管的长度变化为拉伸位移，图 3-22(b)为相应的不同界面结合状态下的拉伸 SEM

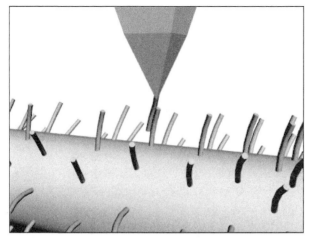

图 3-21　微纳米操作将一单根碳纳米管与另一单根碳纳米管侧壁相互接触示意图

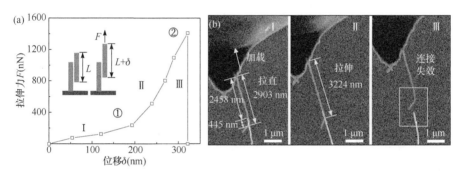

图 3-22　(a)碳纳米管侧壁所成界面的拉伸力-位移曲线；(b)侧壁接触界面整个拉伸过程 SEM 图

图片。可以看出，起初伴随着拉伸位移的增加拉伸载荷以 1 nN/nm 的斜率逐渐增加，并且自由状态下的碳纳米管被逐渐抻直，当拉伸位移增加到 200 nm 左右时，拉伸载荷开始以 10 nN/nm 的斜率逐渐增加，直到达到最大拉伸值 1405 nN，此时两单根碳纳米管所成界面发生破坏。

图 3-23 为最大拉伸失效应力与碳纳米管之间相互搭接长度之间的关系。由于碳纳米管最外层主要起着应力传递作用，因此在这里最大拉伸失效应力通过如下公式获得：

$$\sigma_f = \frac{F_f}{S_{CNT}} = \frac{F_f}{\pi d_{out} t_s} \tag{3-2}$$

式中，S_{CNT} 为碳纳米管外壁的横截面积；F_f 为碳纳米管的拉伸失效力，t_s 为碳纳米管单壁的有效厚度。需要澄清的是在本研究中 σ_f 不是界面结合失效应力，而界面剪切失效应力 τ_i 能够利用 σ_f 进行简单的推导而得到，当界面搭接长度较短时，τ_i

能够根据如下公式计算：

$$\tau_i = \frac{\sigma_f \pi d_{\text{out}} t_s}{L_{\text{jun}} w_{\text{eff}}} \tag{3-3}$$

式中，L_{jun} 为碳纳米管界面搭接长度；w_{eff} 为碳纳米管之间有效接触宽度。当搭接长度较长时可以通过剪滞模型获得界面剪切应力分布[221]。Wei 等[221]指出最大拉伸力 F_{max} 不仅与 L_{jun} 有关，而且受到界面应力传递的限制。我们发现本研究中的失效应力 σ_f 大于文献中的相同界面搭接长度下的失效应力[220, 221]，例如，本研究中对于搭接长度约为 400 nm 的失效应力为文献报道值的 7 倍[221]。由于本研究中所使用的材料与文献中所使用的材料均为通过化学气相沉积方法所获得的，因此碳纳米管之间的界面作用力主要来自于范德华相互作用。

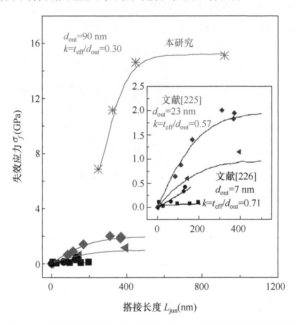

图 3-23　碳纳米管最大拉伸失效应力与界面搭接长度关系

　　一些研究工作指出碳纳米管的径向变形能够有效增加有效接触宽度 w_{eff}，进而增强碳纳米管基多尺度材料的拉伸力学性能[224]，然而，这一参数与碳纳米管的表面粗糙度、手性有关，很难通过实验的方法对其进行准确预测。Suekane 等采用分子动力学模拟方法预测了外径为 7 nm 的双壁和三壁碳纳米管的相互有效接触宽度分别为 0.971 nm 和 0.854 nm。Wei 等采用一连续经验公式计算了外径为 23 nm 的多壁碳纳米管相互作用的有效接触宽度为 6.19 nm。在本研究中，如图 3-23 所示，当界面搭接长度 L_{jun} 小于 400 nm 时，拉伸应力 σ_f 与 L_{jun} 之间为线性关系，在这种情况下，碳纳米管之间的界面剪切应力 τ_i 沿碳纳米管轴向趋于常数，因此，w_{eff} 可通过如下关系式获得：

$$w_{\text{eff}} = \frac{F_f}{\tau_i L_{\text{jun}}} \tag{3-4}$$

式中，F_f 可以通过实验获得；τ_i 取 60 MPa[221]。当使用方程(3-4)时，计算所得的 w_{eff} 为 45 nm，显然本研究中 w_{eff} 值高于文献报道值[225, 226]。

为了进一步挖掘不同搭接长度界面的拉伸失效机制，如图 3-24 所示，将图 3-22(b)中剥离的两单根碳纳米管重新相互搭接，形成更长的搭接界面(约为 1130 nm)，然后对这一界面进行拉伸测试，直到界面失效为止。起初，观察发现较长的搭接界面的失效与短搭接界面的失效力学行为非常相似，然而当界面发生失效后发现了一个有趣的现象，即两根碳纳米管以非常高的速度沿着相反的方向进行相对滑移(滑移距离大约为 800 nm)，接着形成一个新的长度较短的搭接界面(搭接长度大约为 330 nm)，再次形成这一搭接界面的主要原因可能是当由拉伸应变引起的应变能完全释放之后，碳纳米管的相对滑移速度迅速减慢，当相对滑移距离小于之前的界面搭接长度时，通过范德华相互作用即可再次形成较短的新的搭接界面。伴随着拉伸载荷的逐渐增加，碳纳米管再次被抻长，直到界面再次发生完全破坏。这一连续的界面破坏机制可以通过相互摩擦作用消耗大量能量，进而提高以碳纳米管搭接界面为基础的多尺度材料的整体韧性。

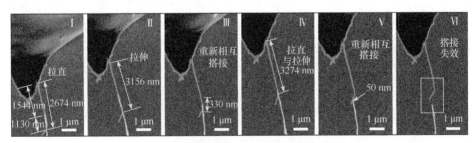

图 3-24　长搭接界面的原位拉伸 SEM 图片

碳纳米管基多尺度材料内部另一种重要的连接方式为碳纳米管端部之间的相互搭接，同样采用了原位拉伸实验研究了这一端部-端部搭接界面的拉伸力学性质。图 3-25(a)为一典型的拉伸力-位移曲线，其中的插图定义拉伸位移为两根碳纳米管沿着拉伸方向的变形量，图 3-25(b)为不同拉伸状态下的拉伸扫描电镜图，由于在其中一根碳纳米管的端部附近碳纳米管存在自然弯曲，因此随着拉伸力的逐渐增加弯曲部分碳纳米管被逐渐抻直(状态Ⅰ)，在这一状态中拉伸位移显著增加，当拉伸位移达到 360 nm 时，拉伸力-位移曲线斜率开始显著增加，同时碳纳米管被进一步拉伸(状态Ⅱ)，之后，拉伸力逐渐增加直到达到最大值 69 nN，伴随着搭接界面的完全失效(状态Ⅲ)。

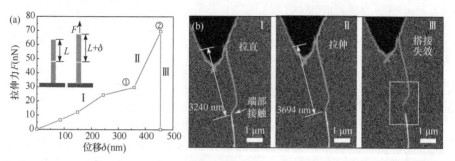

图 3-25　(a)碳纳米管端部所成界面的拉伸力-位移曲线；(b)碳纳米管端部接触界面整个拉伸
过程 SEM 图

3. 剪切失效连续理论预测模型

如图 3-26(a)所示，假设碳纳米管在弹性形变范围内，当搭接界面处于临界失效状态时，可以获得如下关系：

$$\delta L_{\text{tot}} = L_{\text{jun}} \tag{3-5}$$

式中，δL_{tot} 为两根碳纳米管包括界面搭接长度 L_{jun}、自由段 L_1 和 L_2 的总变形长度。在弹性范围内，自由段 L_1 和 L_2 的变形量 δL_1 和 δL_2 能够分别表达为 $\sigma_{fL1}/E_{\text{CNT}}$ 和 $\sigma_{fL2}/E_{\text{CNT}}$。在本研究中，由于界面搭接长度较长，碳纳米管之间平均界面剪切应力小于最大剪切失效应力，因此需要使用剪滞模型来描述搭接界面的变形问题，基于以上假设搭接界面的变形量 δL_{jun} 以及拉伸失效应力 σ_f 表达如下：

$$\delta L_{\text{jun}} = \frac{\sigma_f}{2\lambda E_{\text{CNT}}} \left\{ \lambda L_{\text{jun}} + \left[1 + \cosh\left(\lambda L_{\text{jun}} \right) \right] \coth\left(\frac{\lambda L_{\text{jun}}}{2} \right) - \sinh\left(\lambda L_{\text{jun}} \right) \right\} \tag{3-6}$$

$$\sigma_f = \frac{2\tau_i w_{\text{eff}}}{\pi d_{\text{out}} t_s \lambda} \tanh\left(\frac{\lambda L_{\text{jun}}}{2} \right) \tag{3-7}$$

$$\lambda = \frac{1}{t_s} \sqrt{\frac{2G_{\text{CNT}} w_{\text{eff}}}{\pi d_{\text{out}} E_{\text{CNT}}}} \tag{3-8}$$

式中，τ_i 为两根碳纳米管之间的界面剪切强度；E_{CNT} 为碳纳米管的拉伸模量，取 1 TPa；G_{CNT} 为两根碳纳米管之间的界面剪切模量，取 0.1 GPa。因此，整个变形量 δL_{tot} 可以表达为

$$\delta L_{tot} = \frac{L_1 + L_2}{E_{CNT}}$$

$$+ \frac{\sigma_f}{2\lambda E_{CNT}} \left\{ \lambda L_{jun} + \left[1 + \cosh\left(\lambda L_{jun}\right) \right] \coth\left(\frac{\lambda L_{jun}}{2}\right) - \sinh\left(\lambda L_{jun}\right) \right\}$$

$$(3\text{-}9)$$

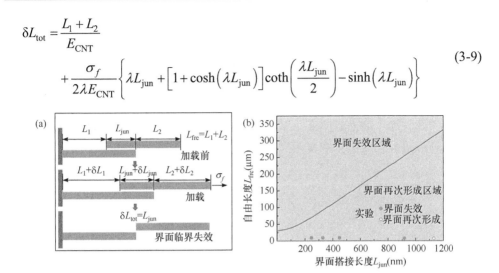

图 3-26　(a)碳纳米管侧壁搭接界面临界失效示意图；(b)碳纳米管自由长度与界面搭接长度
之间的关系

结合方程(3-5)、方程(3-7)～方程(3-9)，两根碳纳米管自由部分的总长度 L_{fre} 与界面搭接长度 L_{jun} 之间的关系可以表达如下：

$$L_{fre} = L_1 + L_2$$

$$= \frac{E_{CNT}\pi d_{out} t_s \lambda}{2\tau_i w_{eff}} L_{jun} \coth\left(\frac{\lambda L_{jun}}{2}\right)$$

$$(3\text{-}10)$$

$$- \frac{L_{jun}}{2} - \frac{1 + \cosh\left(\lambda L_{jun}\right)}{2\lambda} \coth\left(\frac{\lambda L_{kun}}{2}\right) + \frac{\sinh\left(\lambda L_{jun}\right)}{2\lambda}$$

式(3-10)可以用来判断碳纳米管搭接界面再形成机制。如图 3-26(b)所示，曲线下方区域代表$\delta L_{tot} < L_{jun}$，表示界面在第一次失效后会再次形成；而曲线上方区域代表$\delta L_{tot} > L_{jun}$，表示界面只发生一次失效。本实验重复了 5 次搭接界面拉伸失效测试，在这 5 次测试中，仅有一个数据点符合理论预测，需要指出的是这种多次界面失效方式必须满足几个必要条件才会发生，一方面，碳纳米管必须足够直使得碳纳米管之间的相互接触足够充分，另一方面，稳定的低加载速度也是发生这一失效机制的必要条件。

4. 剪切失效分子动力学模拟

本研究中利用分子动力学模拟方法揭示对 σ_f 与 w_{eff} 的关键影响因素，如图 3-27(a)中的插图所示，通过范德华相互吸引作用两个距离很近的碳纳米管侧壁会逐渐发生径向变形，直到达到某一平衡位置。图 3-27(a)为有效接触宽度 w_{eff} 与有效厚度 t_{eff} 之间的关系（$t_{eff} = nt_s$，其中 n 为碳纳米管壁数），通过这一关系发现薄壁碳纳米管更容易发生径向变形，并且更有益于界面的应力传递。本研究通过定义系数 $k = t_{eff}/d_{out}$ 来描述碳纳米管的径向变形能力，同时结合图 3-27(b)中的结果，能够推论出拉伸失效应力 σ_f 随着 k 值的减小而增加，这一结果与实验得到的规律一致。因此，除了表面粗糙度、手性以及界面搭接长度以外，碳纳米管的有效厚度以及外径很大程度上影响着搭接界面的拉伸失效应力。

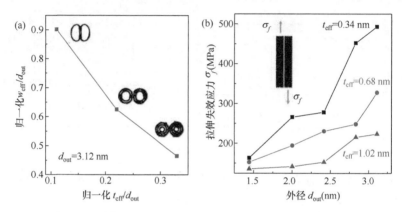

图 3-27　(a)基于分子动力学模拟的碳纳米管 w_{eff} 与 t_{eff} 之间的关系；(b)基于分子动力学模拟的碳纳米管拉伸失效应力与碳纳米管外径之间的关系

　　为了进一步揭示碳纳米管端部搭接界面的拉伸失效力学行为，采用分子动力学模拟方法模拟了这一拉伸失效过程。如图 3-28(a)中的插图所示，在这一界面分子模型中，两根碳纳米管直径为 8.94 Å，长度为 100 Å，碳纳米管端部之间截断距离为 3.4 Å。图 3-28(a)为拉伸力-位移曲线，研究发现其变化趋势与范德华作用

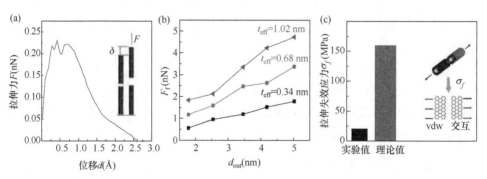

图 3-28　(a)基于分子动力学模拟的碳纳米管端部所成界面的拉伸力-位移曲线；(b)基于分子动力学模拟的碳纳米管最大拉伸力与碳纳米管外径之间的关系；(c)碳纳米管最大拉伸失效应力的实验值与分子动力学模拟结果的比较

势的变化趋势一致[227]，在拉伸过程中，当端部相互作用距离接近 3.4 Å 时范德华相互作用力最强，导致拉伸力迅速增加到最大值；伴随着碳纳米管之间的相对移动，碳纳米管端部相互作用距离逐渐增加，导致拉伸力逐渐减小，直到拉伸距离超过范德华最大相互作用距离，拉伸力减小到零，可以看出，范德华作用势对这一界面失效力学行为起着决定性作用。与此同时，从图 3-28(b) 中可以看出，通过增大碳纳米管外径以及壁厚可以提高最大拉伸力。实验上碳纳米管端部之间的最大拉伸失效应力为 21 MPa，而通过分子模拟获得的理论值为 160 MPa[图 3-28(c)]，实验值较理论值较低的原因在于实际的材料中碳纳米管的断口处参差不齐，使得端部之间相互接触不充分，进而削弱了范德华相互作用。值得注意的是，本研究中所使用的碳纳米管端部为敞开式的，因此所获得的拉伸失效应力参数可以用来评价石墨烯边缘之间的相互作用，为评价石墨烯基材料的力学性能奠定了实验和理论基础。

3.5.2　两单根碳纳米管之间的剥离失效

1. 原位剥离测试

在本节的研究中，研究者同样利用碳纳米管/碳纤维多尺度结构来实现两单根碳纳米管之间的相互搭接以及原位剥离，当碳纳米管在碳纤维表面的密度足够大时，碳纳米管之间会通过范德华吸引力相互搭接在一起(图 3-29)，这一物理形貌可以很大程度上减小原位操纵难度，提高实验效率。首先，从碳纤维束中选取具有碳纳米管附着的碳纤维结构[图 3-30(a)]，将其切成长度约为 3 mm 的若干段，在原子力显微镜下使用胶水将剪切好的试样固定于一金属托架上[图 3-30(b)]，这种金属托架的特点是既可以在扫描电镜中使用，也可以在透射电镜中使用。将准

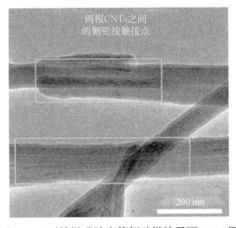

图 3-29　两单根碳纳米管侧壁搭接界面 TEM 图

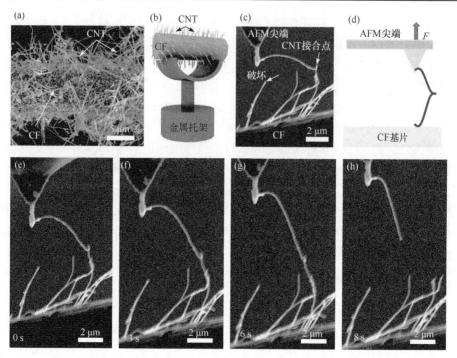

图 3-30　(a)碳纳米管/碳纤维多尺度结构扫描电镜图；(b)固定于金属托架上的碳纳米管/碳纤维多尺度结构；(c)通过微纳米操作将单根碳纳米管折断；(d)使用原子力针尖将两单根碳纳米管侧壁搭接接触界面剥离示意图；(e)～(h)整个剥离过程 SEM 图

备好的试样以及微纳米操纵器一同放入扫描电镜的腔腔内，同时确保原子力针尖的梁与碳纤维轴向平行，以实现拉伸加载方向与碳纤维轴向平行。通过在扫描电镜内观察确定两单根相互搭接的碳纳米管(两根碳纳米管的外径和内径约为 80 nm和 50 nm)，其形貌特征为碳纳米管自由端附近的侧壁相互搭接，形成一搭接长度为 400 nm 的界面。然后，使用扫描电镜专用胶将其中一根碳纳米管固定于原子力针尖上，且管的轴向与原子力针尖的梁相互平行，通过一系列的微纳米操作将碳纳米管折断，使其自由端固定于原子力针尖上[图 3-30(c)]，通过这一过程碳纳米管与原子力针尖的黏结长度为 445 nm，碳纳米管自由长度为 6185 nm。最后对这根碳纳米管沿着背离碳纤维表面且垂直于碳纤维表面方向进行匀速加载，直到两根碳纳米管搭接部分发生完全剥离[图 3-30(d)]。图 3-30(e)～(h)为不同剥离时刻碳纳米管的剥离拓扑形貌。

2. 剥离失效力学行为

为了深入探究碳纳米管侧壁搭接界面的剥离力学行为，如图 3-31 中插图所示，定义了剥离力和剥离位移，其中δ_0代表两碳纳米管端部之间的初始距离，δ代表通过外力加载而产生的位移，包括弯曲变形、界面开裂以及碳纳米管自身的拉伸形变，根据上述定义可以刻画出整个剥离过程的剥离力-位移曲线(图 3-31)。在加载之前，原子力针尖附近碳纳米管的弯曲作用导致了一个 56 nN 的初始载荷，伴随着剥离位移 δ 的增加，剥离载荷 F 逐渐增加直到第一个极值 187 nN(对应的剥离位移为 1.75 μm)，然后突然下降到 37 nN。值得注意的是，剥离载荷下降的瞬间剥离位移增加 144 nm，由于碳纳米管自身的弹性变形非常小，可以忽略不计，因此可以推断这一位移增量主要来自碳纳米管之间的界面开裂。有趣的是，伴随着剥离位移的进一步增加，剥离载荷会再次增加直到 59 nN，然后迅速降到零，此时两根碳纳米管完全剥离。

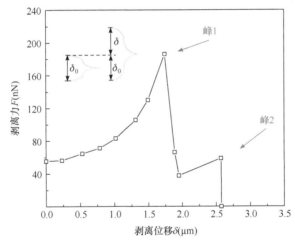

图 3-31　剥离力-位移曲线，其中插图为定义剥离力和剥离位移

为了进一步理解这一剥离力学行为，表 3-2 将本研究中的原位剥离实验与文献中碳纳米管从不同基底剥离实验结果进行了比较，在这些工作中，如果碳纳米管与原子力针尖之间的黏结角 θ 等于零，意味着碳纳米管轴向与原子力针尖梁相互平行，这种情况下在原子力针尖附近碳纳米管会产生巨大的弯曲作用，这一作用会触发后来的碳纳米管从凹形到弧形的形状过渡，同时碳纳米管与基底之间的界面结合方式从线接触转变成端部接触，这一碳纳米管形变机制会导致剥离力-位移曲线双峰的出现，如果黏结角等于 $\pi/2$，意味着碳纳米管轴向与原子力针尖梁相互垂直，在这种情况下碳纳米管没有发生形状过渡，并且端部接触最大剥离力 F_{emax} 削弱为零[126]。在本工作中，由于碳纳米管之间接触长度非常小且其相互搭接界面的界面开裂速度非常快，无法清楚地观察到这一形变机制。

表 3-2　碳纳米管从不同基底剥离的关键参数

d_{out}(nm)	d_{inn}(nm)	基底	θ	F_{lmax}(nN)	F_{emax}(nN)	文献
80	50	碳纳米管	0	187	59	本工作
30	—[a]	石墨	0	78	22	[228]
40	10	环氧树脂	0	70	20	[229]
30	5	石墨烯	$\pi/2$	15	0	[230]

a 在本文献中没有提及碳纳米管内径值。

　　如上所述,碳纳米管的形状过渡机制会导致碳纳米管之间发生端部相互作用,且此时碳纳米管的形状为弧形,为了验证这一结论,本研究补充了两单根碳纳米管端部相互作用的原位实验(图 3-32)。与碳纳米管侧壁接触的原位剥离实验相似,首先将碳纤维表面上的一单根外径为 80 nm 的多壁碳纳米管黏结于原子力针尖上,通过微纳米操作将这根碳纳米管从碳纤维表面剥离下来,需要注意的是这根碳纳米管与原子力针尖之间的黏结角度大约为 $\pi/3$。然后,再次通过一系列微纳米操作将这根碳纳米管端部与碳纤维表面另一根外径约为 80 nm 的多壁碳纳米管的侧壁相互接触,之后沿着垂直于碳纤维表面且背离碳纤维表面方向进行匀速加载,通过这一方式加载可以观察到碳纳米管的端部沿着另一根碳纳米管的端部相对滑移,直到两根碳纳米管端部相互接触,最后发生完全剥离破坏。原位实验可以清楚地观察到当端部接触界面形成时碳纳米管呈弧形,这一结果验证了碳纳米管侧壁搭接界面剥离过程中碳纳米管的形状过渡机制。

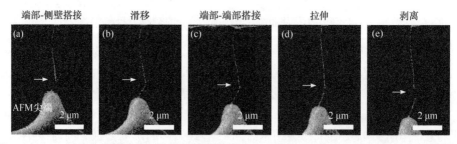

图 3-32　(a)一根碳纳米管端部与一根碳纳米管侧壁相互搭接;(b)碳纳米管端部与侧壁相互滑移;
(c)碳纳米管端部与端部相互搭接;(d)在端部相互搭接所成界面的作用下碳纳米管原位拉伸;
(e)端部搭接界面剥离

3. 剥离失效连续理论预测模型

1) 理论基础

　　碳纳米管的圆柱形貌以及碳纳米管搭接界面的不确定接触宽度使得碳纳米管剥离过程为一个三维力学问题。由于接触应力会沿着宽度与长度方向发生改变,通常情况下碳纳米管的剥离力学行为是非常复杂的。在之前的一些工作中,一些二维模型已经成功地应用于碳纳米管的剥离问题,在这些模型中,沿着接触宽度方向剥离应力被假设为均匀分布,这一假设很大程度上简化了理论分析。因此,在本研究中建立了二维模型来预测碳纳米管侧壁搭接界面的剥离力学行为。如图 3-33 所示,为了建立一有效二维模型,通过等效弯曲刚度这一原则将碳纳米管圆形横截面等效成矩形横截面,因此有如下方程:

$$
\begin{cases}
E_{eq}bh = \dfrac{E_{CNT}\pi d_{out}^2(1-\alpha^2)}{4} \\[3mm]
\dfrac{E_{eq}bh^3}{12} = \dfrac{E_{CNT}\pi d_{out}^4(1-\alpha^4)}{64}
\end{cases}
\tag{3-11}
$$

$$
\alpha = \frac{d_{inn}}{d_{out}}
\tag{3-12}
$$

式中,E_{CNT} 为碳纳米管的弹性模量;E_{eq} 为等效模型中碳纳米管的弹性模量;b 和 h 分别为等效碳纳米管矩形横截面的宽度和高度。为预测剥离过程中的界面失效,研究需要确定 b 和 h。如果令 $E_{CNT} = E_{eq}$,那么 b 和 h 能够通过方程(3-11)和方程(3-12)确定如下:

$$
b = \frac{\pi(1-\alpha^2)}{2\sqrt{3(1+\alpha^2)}}d_{out}
\tag{3-13}
$$

$$
h = \frac{\sqrt{3(1+\alpha^2)}}{2}d_{out}
\tag{3-14}
$$

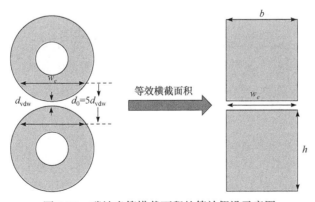

图 3-33　碳纳米管横截面积的等效假设示意图

表 3-3 中为模型中所使用的等价参数,其中 b 和 h 通过方程(3-13)和方程(3-14)获得,E_{eq} 取自文献值[231],等价泊松比 ν_{eq} 取自文献值[232]。

表 3-3 二维理论预测模型中所使用的等价参数

b(nm)	h(nm)	E_{eq}(GPa)	ν_{eq}
37.5	81.7	500	0.06

σ_{max}(GPa)	G_{IC}(nN/nm)	E_{int}(GPa)	ν_{int}
5.83	14.5	0.91	0.3

2) 有效接触宽度

由于碳纳米管的微小尺寸，很难通过实验观察直接确定两根碳纳米管之间的有效接触宽度 w_e，在本研究中，由于所使用的为多壁碳纳米管，且壁厚较大，因此忽略了碳纳米管之间相互作用所产生的径向变形，如图 3-33 所示，d_0 和 d_{vdw} 分别代表最大范德华作用距离和临界截断作用距离(取 0.34 nm)[232]。Li 和 Chou 指出当 $d_0 > 2.5d_{vdw}$ 时，范德华作用非常微弱(小于最大作用力的 1%)，因此在本研究中取 $d_0 = 2.5d_{vdw}$，基于以上假设，能够通过如下公式评估有效接触宽度 w_e:

$$w_e = \frac{\sqrt{12d_{out}d_{vdw} - 9d_{vdw}^2}}{2} \tag{3-15}$$

通过使用方程(3-15)计算获得的碳纳米管之间有效接触宽度为 11.6 nm。

3) 黏结定律

在本模型中，利用双线性黏结定律来描述碳纳米管之间的相互作用，因此需要首先确定临界能量释放率 G_{IC} 以及最大剥离应力 σ_{max}。G_{IC} 可以通过如下公式确定:

$$G_{IC} = \frac{(F_{max}L_a)^2}{D_{CNT}}\left(1 + \frac{k_f}{L_a}\sqrt{\frac{D_{CNT}}{G_{kCNT}}}\right)^2 \tag{3-16}$$

式中，D_{CNT} 和 G_{kCNT} 分别为碳纳米管的弯曲刚度和剪切刚度；$L_a = 1228$ nm，为从界面开裂尖点到应用载荷之间的有效距离；F_{max} 为最大剥离力；$k_f = \sqrt{2}$，为由剪应力引起的界面变形作用系数，基于双线性黏结定律有如下关系:

$$\sigma_{max} = \frac{2G_{IC}}{\Delta_{max}} \tag{3-17}$$

对于双线性模型，黏结定律能够表达为如图 3-34 所示，其中 $\Delta_o = (0.1 \sim 0.4)\Delta_{max}$，所使用的参数如表 3-3 所示，其中 E_{int} 和 ν_{int} 分别为碳纳米管搭接界面的弹性模量和泊松比。分子动力学模拟结果展示基于范德华作用的碳纳米管之间界面的剪切模量 G_{int} 和泊松比 ν_{int} 分别为 0.2～0.5 GPa 和 0.3，这两个参数主要取决于碳纳米管手性以及剪切方向[20]，在本研究中 G_{int} 取 0.35 GPa，E_{int} 取 0.91 GPa[233]。

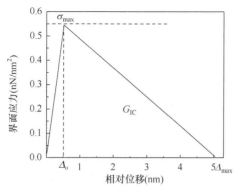

图 3-34　双线性黏结定律

4) 碳纳米管侧壁搭接界面剥离力学行为的理论预测

图 3-35(a)所示为有限元模拟获得的剥离力-位移曲线，其趋势与实验结果一致(图 3-31)。通过理论力学模型分析发现剥离力第一次突降的主要原因是碳纳米管之间界面的不稳定开裂，这一不稳定开裂主要是由于碳纳米管从凹形到弧形的形状过渡[图 3-35(b)，(c)]。从图 3-35(b)可以看出当碳纳米管侧壁相互搭接时碳纳米管呈现凹形，这一理论结果与实验观察结果一致[图 3-30(c)]。另外，通过理论力学模型发现二次峰值突降主要是由碳纳米管端部相互搭接的完全剥离导致的，碳纳米管相互作用的理论值为 86 nN，其与实验结果一致(实验值为 72 nN)。

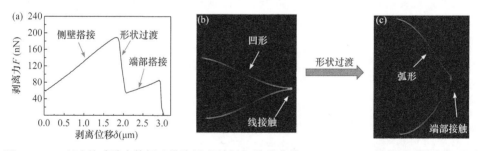

图 3-35　(a)理论的碳纳米管侧壁搭接界面剥离力-位移曲线；(b)，(c)FEA 模拟图，其中发现了碳纳米管形状过渡机制，即从凹形到弧形，相应的界面从线接触到端部接触

很容易理解导致碳纳米管这一剥离力学行为的主要因素是碳纳米管之间的作用力为较弱的范德华相互作用，因此提高碳纳米管之间的界面结合强度在提高这类多尺度复合材料力学性能方面扮演着关键角色。目前为止，一些研究已经指出在碳纳米管之间通过电子束辐照引入碳-碳 sp^3 杂化共价键可以很大程度上提高碳纳米管之间的界面应力传递效率，另外，通过化学方法将碳纳米管表面官能化，使得碳纳米管表面覆盖一层活性官能团，这些官能团在特定条件下会发生化学键合将碳纳米管黏结在一起，进而提高界面应力传递效率。

第4章　碳纳米管薄膜

4.1　引　言

由碳纳米管组装而成的薄膜材料由于其特殊的内部多孔结构和优异的多功能性质可广泛应用于航空航天、光电子、生物技术、纳米光刻、传感器/驱动器、过滤器以及能源收集等领域[234-246]。目前为止，制备碳纳米管薄膜材料主要有两种方法：一种方法为化学气相沉积生长法[178, 247, 248]；另一种方法为溶液抽滤法[249-251]。通过化学气相沉积生长法获得的膜结构虽然力学性质较为优异，但其内部的催化剂等杂质很难去除，另外，有关研究结果表明碳纳米管薄膜的宏观性质与其内部结构拓扑形貌有着密切联系，然而化学气相沉积法很难精准调控碳纳米管排列方式，这在一定程度上限制了其应用。而用溶液抽滤法获得的碳纳米管薄膜结构在控制其排列方式上具有一定的优势，但是有限长度碳纳米管之间通常为较弱的范德华相互作用，因此薄膜的机械性能较弱，很难在实际应用过程中充分发挥其优势。基于上述问题，本章提出三种新颖的碳纳米管薄膜结构，着重探讨其力学性能的提高策略以及潜在应用。第一种为基于树枝状大分子界面改性的高强巴基纸，在这部分内容中将着重介绍这种薄膜材料的制备、力学性质和内部界面力学增强机理；第二种为碳纳米管编织薄膜结构，在这部分内容中提出一种全新的基于传统平纹编织工艺的碳纳米管薄膜结构，并且利用分子动力学模拟考察了其面内力学性能和面外抗冲击力学性能；第三种为定向排列碳纳米管薄膜，在这部分内容中采用先进的原位拉伸力学测量技术确定厚度仅为纳米级别薄膜的各向异性拉伸力学性能，在此基础上，提出并制备了一种碳纳米管薄膜夹层复合材料，考察了这种复合材料的拉伸应变-电响应特性，并提出一种可感知方向的人工皮肤概念。本章可以为读者了解碳纳米管薄膜的结构设计和应用奠定基础。

4.2　高强巴基纸

4.2.1　基于 PAMAM 树枝状大分子的内部界面改性设计

本研究采用抽滤法制备巴基纸(PBPs)[252]。制备 PAMAM 树枝状大分子接枝巴基纸(PGBPs)主要包括两步：第一步，采用聚四氟乙烯(PTFE)膜过滤 MWCNTs-COOH/DMF 悬浮液，正压设置为 0.1～0.3 MPa[图 4-1(a)]。随后，将直径约为 280 mm 的羧基功能化的巴基纸(CFBPs)从 PTFE 片上剥离并用硝酸去除表面活性剂。之后，用去离子水洗涤 CFBPs，并在真空烘箱中 60 ℃干燥 2 h。第二步，将 0.0115 mg 的 PAMAM 和 5 mg 偶联剂 HATU 溶解在 30 mL DMF 溶剂中，得到 10^{-3} mol/mL PAMAM/DMF 溶液。然后将 CFBPs 浸入 PAMAM/DMF 溶液中约 4 h[图 4-1(b)]，确保 PAMAM 能够充分渗透到 CFBPs 中并吸附到碳纳米管表面。在这个过程中，PAMAM 的氨基(—NH₂)与附着在碳纳米管表面的羧基(—COOH)会发生完全脱水过程，并形成酰胺键(—CO—NH—)[图 4-1(c)]。最后，用去离子水洗涤 PGBPs，并在真空烘箱中 60 ℃干燥 2 h。

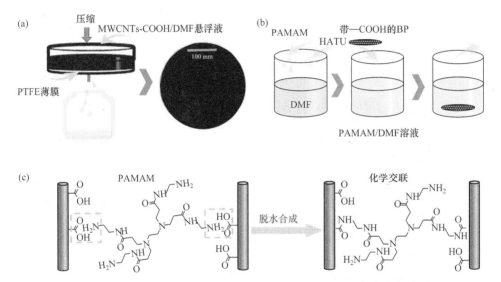

图 4-1　(a)，(b)抽滤法制备 PGBPs 示意图；(c)PAMAM 与碳纳米管间进行化学接枝反应示意图，其中碳纳米管表面的羧基与氨基反应形成酰胺键

　　需要指出的是形成化学键的数量与 PAMAM 浓度有关。当 PAMAM 浓度过高，大部分 PAMAM 只会通过范德华相互作用吸附在碳纳米管表面。当 PAMAM 浓度过低时，PAMAM 则不能完全覆盖在碳纳米管表面，氨基的浓度便无法达到所需的水平。这两种情况都会导致相对低的化学接枝密度。而理想情况是只有一层 PAMAM 均匀地吸附在碳纳米管表面，目前来讲，精确调节 PAMAM 接枝浓度仍然是个挑战。其他工作已经证明 10^{-3} mol/mL 这一浓度值可以在碳纤维表面上覆盖少层化学吸附的 PAMAM 分子[253]。因此在本研究中，选择这个经验值来实现碳纳米管之间的化学接枝。

　　从图 4-2(a)中可以看出，与原始的巴基纸(PBPs)和 CFBPs 相比，PGBPs 在形态上没有明显的差异，这意味着 PAMAM 层非常薄。图 4-2(b)显示了三种不同类型样品的 XPS 表征结果，包括 CFBPs、PGBPs-1(处理 1 h)和 PGBPs。PGBPs-1 作为中间产物被包括在内，以演示化学反应过程。CNTs 的 C1s 峰在 284.5 eV(①)和 285.5 eV(②)出现一个主峰，对应于碳纳米管的结构缺陷。286.6 eV(③)和 287.8 eV(④)的峰分别反映 C—O 键和 C＝O 键。此外，在 288.9 eV(⑤)和 290.8 eV(⑥)分别检测到—COOH 峰和 π-π* 跃迁损失峰。PGBPs-1 和 PGBPs 在 285.8 eV 和 287.9 eV 时出现额外的峰，分别对应于氨基中的 C—N 键和酰胺键(—CO—NH—)中的—N—C＝O 键。随着脱水合成的进行，羧基(—COOH)逐渐反应，同时形成更多的—N—C＝O 键，这反映在 288.2 eV 的 PGBPs 峰的增强上。与 CFBPs 相比，PGBPs-1 和 PGBPs 在 399.8 eV 和 400.5 eV 时出现新的结合能峰，分别位于—NH/—NH₂/—CO—NH—和 C—N 键的 N1s 峰。需要注意的是，由于 399.8 eV 的峰与—NH、—NH₂ 和—CO—NH—基团相关，因此很难基于该特定峰相应面积的变化来明确地验证脱水合成过程。基于上述 XPS 分析，有理由假设 PAMAM 的化学接枝发生在 PGBPs 中的碳纳米管之间。

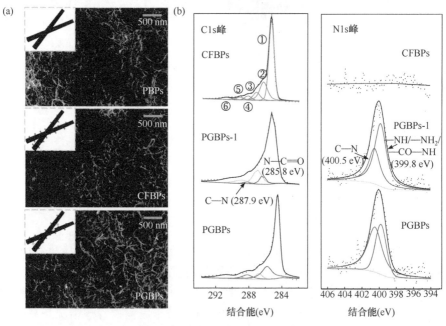

图 4-2　(a)PBPs、CFBPs 和 PGBPs 结构形态的 SEM 图像；(b)不同类型 BPs 的 XPS 谱图证实了化学接枝的形成

4.2.2　巴基纸的拉伸力学性质

为了进一步分析 PGBPs 中化学接枝的程度，本研究使用微拉伸机进行了 BP

样品的拉伸实验(图 4-3),从而可以直接获得样品的拉力与位移数据。

图 4-3 (a)用于拉伸实验的 BP 试样;(b),(c)典型的拉伸试样断裂前后对比

图 4-4(a)~(c)为 PBPs、CFBPs 和 PGBPs 的拉伸应力-应变曲线。可以看出,随着拉伸应变的增加,PBPs 和 CFBPs 的拉伸应力几乎呈线性增加。然而,PGBPs 表现出明显的非线性力学行为,当拉伸应变达到临界值后,拉伸应力的增加趋于平缓[图 4-4(c)]。同时,发现三种试样的拉伸应力在达到最大值时迅速下降到零,呈现典型的脆性断裂。图 4-4(d)总结了三种样品的力学性能,包括断裂强度 σ_f、杨氏模量 E 和韧性 U_T,其中最大拉伸应力定义为断裂强度 σ_f,E 可以通过应力-应变曲线的线性区域计算,而 U_T 通过计算应力-应变曲线下的面积来确定。PBPs 的 σ_f、E 和 U_T 分别为 10.4 MPa、0.49 GPa 和 0.13×10^6 J/m^3。分析发现,由于 CNTs 表面引入了羧基,CFBPs 的 σ_f、E 和 U_T 分别比 PBPs 提高了 165%、111%和 15%。为了验证PAMAM的化学接枝对力学增强的有效性,本研究比较了 PBPs 和 PGBPs 的拉伸力学性能。结果表明,PAMAM 可以显著提高 BPs 的力学性能,其 σ_f、E 和 U_T 分别提高了 306%、168%和 1007%。此外,如图 4-4(e)所示,在本研究中,用 PAMAM 处理的 BPs 的 σ_f 远高于用其他溶液方法制备的各种功能化碳纳米管的 BPs[242, 243, 246, 251, 254-261]。为了进一步理解其内部应力传递机制,考察了测试样品的断裂表面[图 4-4(f)~(h)],发现 PGBPs 的断裂表面参差不齐,而 PBPs 和 CFBPs 的断裂表面相对平坦。这一观察表明由于在碳纳米管之间的界面引入了 PAMAM 化学接枝,抗裂纹扩展的能力得到了提高,进而使断裂路径发生了偏转。

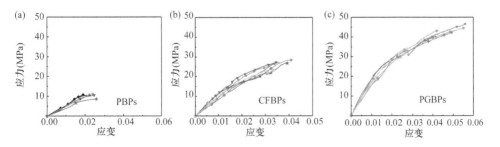

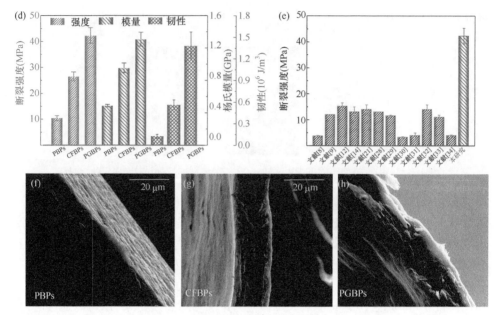

图 4-4　(a)～(c)PBPs，CFBPs 和 PGBPs 的拉伸应力-应变曲线；(d)三种类型 BPs 的断裂强度、杨氏模量和韧性；(e)本研究中的断裂强度与其他文献中获得的断裂强度的比较结果；(f)～(h)不同类型 BPs 的断裂表面形貌 SEM 图

4.2.3　基于分子模拟的巴基纸界面增强分析

在本研究中，采用分子动力学模拟来揭示巴基纸内部界面增强机制。由于在实际材料中活性基团随机分布在多壁碳纳米管的侧壁和末端，且内层对界面相互作用的影响非常小，如图 4-5(a)所示，为了简化模型，选择直径和长度分别为约 11.16 Å 和约 86.68 Å 的(5, 5)单壁碳纳米管来构建碳纳米管模型。同时只有碳纳米管相互接触区域被功能化[图 4-5(b)]，并且活性基团沿着碳纳米管轴向均匀分布，线密度为 0.07 N/Å(N 代表官能团的数量)。具体来说，对于图 4-5(c)中的 PAMAM 接枝碳纳米管模型，本研究中假设接枝密度为约 30%，并且每个 PAMAM 树枝状大分子的两个氨基分别与两个碳纳米管上的两个羧基反应。为了保持界面的结构稳定性，消除碳纳米管两端不饱和碳原子对模拟过程中力学行为的影响，所有碳纳米管均进行加氢处理。在每个碳纳米管模型中，固定底部碳纳米管，对顶部碳

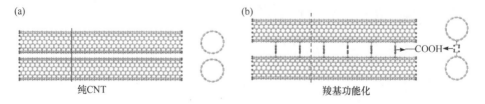

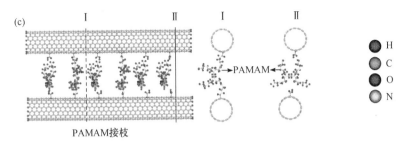

图 4-5　(a)未功能化单壁碳纳米管；(b)羧基功能化的和(c)PAMAM 接枝的碳纳米管连接的
原子界面结构

纳米管末端边缘的原子进行刚性固定和加载。

如图 4-6(a)所示，由于碳纳米管在 BPs 中的随机分布和缠结，当 BPs 受到外部拉伸载荷时，碳纳米管由于相互连接作用将承受非常复杂的加载情况。因此，分析和揭示这种不确定载荷条件下的基本力学行为和界面破坏是极具挑战性的。对此进行简化分析，假设施加在部分碳纳米管上的载荷可以分解为沿两个正交方向(平行于碳纳米管轴方向和垂直于碳纳米管轴的方向)的剪切和剥离载荷。因此，建立三种不同类型的碳纳米管界面模型，并研究其剪切和剥离力学行为。如图 4-6(b)，(c)所示，根据剪切力 F_s 和位移 δ 的定义，得到了三种类型的碳纳米管间的 F_s-δ 曲线，并在图 4-7 中呈现了不同位移下的相应剪切结构。可以看出，未修饰的碳纳米管间的 F_s 随着 δ 的增加而周期性衰减，直到零为止，此时两个碳纳米管完全分离。周期性振荡主要来源于碳纳米管表面由碳原子组成的周期性六方结构[262, 263]。有趣的是，羧基功能化的碳纳米管间的 F_s-δ 曲线仍然保持特征周期振荡，振荡周期为约 12.4 Å，接近两个相邻羧基之间的间距(约 14.8 Å)。这主要归因于剪切过程中在羧基之间产生一定的机械互锁作用[图 4-7(b)]。如图 4-7(c)中 δ = 12.2 Å 结构示意图中的箭头所示，与原始的和羧基功能化的碳纳米管相比，接枝 PAMAM 的碳纳米管间的 F_s-δ 曲线非常独特，随着 δ 的增加，与碳纳米管结合的 PAMAM 树枝状大分子被拉伸，有效传递应力并导致 F_s 急剧增加。当 δ 增加到 25.2 Å 时，F_s 达到最大值，约为 1.78 nN。随后化学键连续断裂，导致 F_s 逐渐下降，断裂后的 PAMAM 仍保留在碳纳米管表面。有趣的是，由于酰胺键的键能更高，化学键的断裂总是发生在 PAMAM 的 C—N 键处，而不是在接枝点的酰胺键(—CO—NH—)处。此外，化学键的非同步断裂可以用 Wei 等提出的"剪滞"连续体模型来解释，在该模型中，最大剪应力在碳纳米管的两个自由端产生，并向加载端减小[236]。因此黏结界面容易在高剪切应力区发生失效。

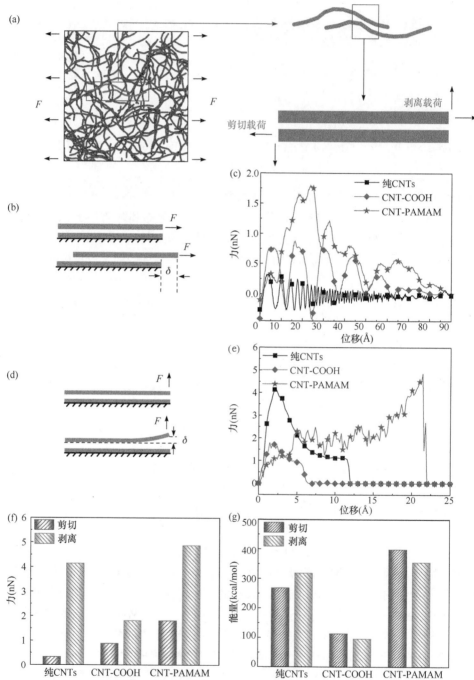

图 4-6　(a)受剪切和剥离载荷作用的碳纳米管示意图；(b)，(c)剪切和(d)，(e)剥离情况下，未修饰碳纳米管、羧基功能化碳纳米管和 PAMAM 接枝碳纳米管的示意图和力-位移曲线；(f)最大力、(g)剪切和剥离载荷下界面相互作用能的变化

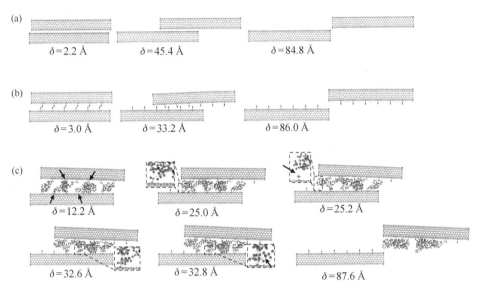

图 4-7　三种类型的碳纳米管间对应不同 δ 的典型剪切快照，其中接枝点用箭头标记：
(a)未修饰、(b)羧基功能化的和(c)PAMAM 接枝的碳纳米管

　　图 4-6(d)，(e)所示为碳纳米管承受剥离载荷 F_p 的情况，并在图 4-8 中呈现了不同位移下的相应剥离结构。不同于剪切载荷下的情况，未修饰的和羧基功能化的碳纳米管间的 F_p-δ 曲线可以分为三个阶段。在第一阶段，F_p 在较小的剥离位移(约 2 Å)内迅速增加到最大值，此时可以观察到碳纳米管的轻微弯曲，并且在加载区域附近形成一个小的界面裂纹。随后，剥离过程进入以降低剥离力为标志的界面裂纹扩展阶段，直到碳纳米管完全分离，伴随着 F_p 降至零。未修饰碳纳米管间的剥离强度高于羧基功能化碳纳米管间的剥离强度的主要原因是羧基的附着使两个碳纳米管之间的距离变宽，从而减弱了范德华相互作用。由于化学接枝效应，接枝 PAMAM 的碳纳米管间的剥离行为不同于基于范德华作用的剥离行为，F_p 最初随着剥离位移 δ 的增加而增加，直到约为 5 Å，在此阶段，PAMAM 的弹性变形导致了 F_p 的增加，由于 PAMAM 的稳定展开，F_p-δ 曲线较稳定。随后 PAMAM 被拉伸，导致 F_p 显著增加，直到其达到最大值，约为 5 nN(对应的 δ 为 22.2 Å)。最后，PAMAM 中的酰胺键突然断裂，导致力迅速下降至零。此外，本研究中整个剥离过程中均观察到相邻 PAMAM 之间存在显著机械互锁结构，并认为这是界面增强原因之一。

　　为了进一步揭示不同界面结构对 BPs 力学增强的影响，在图 4-6(f)，(g)中总结了剪切和剥离载荷下的最大力 F_{max} 和界面相互作用能 δ_E 的变化。δ_E 由 $\delta_E = E_1 - E_2$ 计算，其中 E_1 和 E_2 分别是加载前后系统的界面相互作用能。研究发现，与未修饰的和羧基化的碳纳米管间相比，PAMAM 接枝的碳纳米管间具有最

大的 F_{max} 和 δ_E。这种增强趋势与实验观察结果一致。然而，对于未修饰的碳纳米管，最大剥离力远远高于最大剪切力。这一结果与先前的实验工作不一致[92]。其主要原因是在分子动力学模拟中，认为侧壁接触是完美的，导致初始加载期间可能产生相对较高的剥离载荷。然而，在实际的材料系统中，这种完美的接触是不可能出现的，并且小的界面预裂纹会削弱剥离力。另外，在实验中，CFBPs 的能量吸收能力高于 PBPs，但在分子动力学模拟中，羧基功能化的碳纳米管间的 δ_E 相对较低。这主要归因于模拟中使用的单壁碳纳米管可以有效增加界面接触面积和变形能力，从而提高界面韧性。从这个角度来看，碳纳米管本身的结构也在 BPs 的力学性能中起着关键作用。

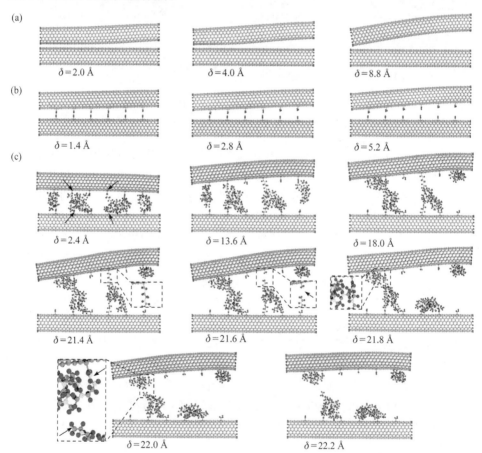

图 4-8　三种类型的碳纳米管对应不同 δ 的典型剥离快照，其中接枝点用箭头标记：
(a)未修饰、(b)羧基功能化的和(c) PAMAM 接枝的碳纳米管

4.3 碳纳米管编织薄膜

4.3.1 基于平纹编织的碳纳米管薄膜全原子模型

对(5, 5)单壁碳纳米管的碳原子进行重新排列以实现碳纳米管的刚性弯曲，并由单根弯曲碳纳米管的正交排列组合，组装成传统的平纹编织结构(图 4-9)，排列后的碳纳米管可形成周期性循环的井字格单元。

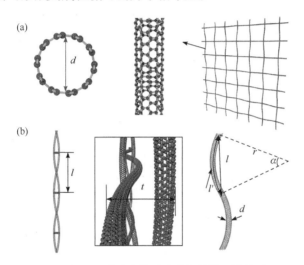

图 4-9 碳纳米管平纹编织的模型设计图

为了获得稳定的编织结构，编织结构有关参数需要满足以下公式：

$$t = l \times (1 - \cos(\alpha / 2)) / \sin(\alpha / 2) - d \tag{4-1}$$

$$l = 2l' \times \sin(\alpha / 2) / \alpha \tag{4-2}$$

式中，d 为单根碳纳米管的直径；l 为碳纳米管的间隔距离；α 为碳纳米管的弯曲角度；l' 为碳纳米管的弦长；t 为编织二维结构的厚度。其中 t 取决于碳纳米管弯曲的角度和弦长，弯曲角度越大，弦长越短，t 越大，结构也越不稳定。所以 t、l 和 α 有着互相制约的关系，如果选取的参数不合适，过大的弯曲角度会使得碳纳米管的 C—C 键拉伸到极限，导致 C—C 键断裂，为了寻求稳定状态，断键周围的 C 原子会重新形成新的键，包括不规则的五元环或者七元环结构，如图 4-10 所示。

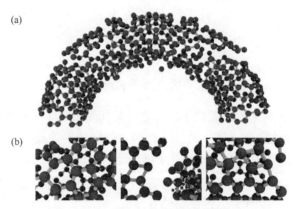

图 4-10　不合理参数导致的结构缺陷

依据建模经验，本研究中 α 和 l' 分别设为 30°和 147.66 Å，其他相关结构参数如表 4-1 所示。在拉伸和冲击测试之前，对初始的编织结构进行充分的弛豫优化。通过图 4-11 观察势能随时间的变化曲线，判断模型优化是否达到平衡态。

表 4-1　碳纳米管平纹结构有关参数

碳纳米管直径 (d)(Å)	碳纳米管弯曲角 度(α)(°)	碳纳米管弦长 (l')(Å)	平行碳纳米管之 间的距离(l)(Å)	单层碳纳米管膜 的厚度(t)(Å)	碳纳米管膜的 长宽尺寸(Å)
6.67	30°	147.66Å	145.98Å	26.11Å	约1500Å

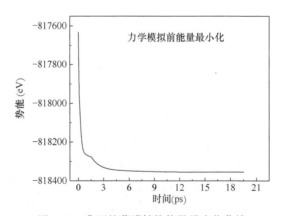

图 4-11　典型的薄膜结构能量最小化曲线

利用 AIREBO 势函数来描述 C—C 键的形成与断裂。冲击球(SP)和薄膜之间的范德华相互作用以及碳纳米管之间的范德华相互作用均采用 Lennard-Jones (L-J)势来描述，分别取 $\varepsilon = 0.6$ eV 和平衡距离 $\sigma = 9.35$ Å[264]。系统为非周期边界，在 NVE 系综下弛豫达到平衡，时间步长为 0.001 ps。使用 Nosé-Hoover 恒温法，系统温度设置为 1 K。用于冲击的冲击球为金刚石结构的空心刚性球体，直径为 200 Å，质量为 3.43 μg。

4.3.2　碳纳米管编织薄膜的面内力学性质

对于抗冲击织物，面内力学性能对其冲击性能起着至关重要的作用。与宏观编织物结构相似，碳纳米管编织薄膜也表现出结构各向异性。为了表征这种各向异性的纳米结构对拉伸力学性质的影响，定义了拉伸角 θ，如图 4-12(a)所示。图 4-12(b)为不同拉伸角度(0°、15°、30°和 45°)下的单轴拉伸应力-应变曲线。图 4-12(c)为薄膜的断裂强度和杨氏模量。研究结果表明，薄膜的拉伸力学性能与 θ 相关，当 $\theta = 0$°时，断裂强度和杨氏模量达到最大值，分别为 58.9 GPa 和 728 GPa。在这种情况下，碳纳米管可以完全承受沿碳纳米管轴向的拉伸载荷。随着 θ 值的增大，断裂强度和杨氏模量明显降低。这主要是因为当拉伸载荷不沿碳纳米管轴向时，会产生额外的剪切作用[141]，从而导致碳纳米管之间发生剪切滑移失效[265, 266]。

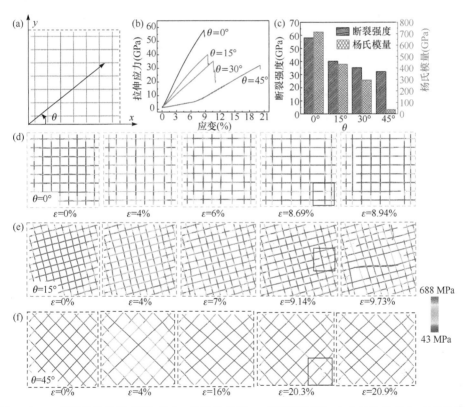

图 4-12　(a)薄膜的拉伸示意图，其中 θ 为拉伸角度；(b)薄膜沿不同 θ 方向的拉伸应力-应变曲线；(c)薄膜沿不同 θ 方向的断裂强度和杨氏模量；(d)～(f)沿 $\theta = 0$°、15°和 45°方向不同拉伸应变下的薄膜拓扑形貌

当 $\theta=0°$、$15°$ 和 $30°$ 时，拉伸应力-应变曲线呈线性变化，这是因为尽管在拉伸过程中存在剪切效应，但在相对小的拉伸角内，拉伸力仍占主导地位。而当 $\theta=45°$ 时，相应的应力-应变曲线呈非线性，整个拉伸过程可分为两个阶段。在第一阶段，剪切效应对加载起关键作用；因此，剪切诱导的碳纳米管滑移会导致较小的拉伸刚度和较大的拉伸应变。随着拉伸应变的增加，拉伸进入第二阶段，在这一阶段，碳纳米管趋向于加载方向，应力传递效率越来越高，因此，拉伸刚度变大。

4.3.3　碳纳米管编织薄膜的抗冲击性能

冲击球在不同冲击速度 v_i（200 m/s 和 500 m/s）下的冲击试验见图 4-13。所测试的正方形单层薄膜的尺寸为 145 nm × 145 nm，测试前将薄膜的边缘刚性固定。如图 4-13(a)，(b)所示，假设冲击球作用于薄膜的中心位置，记录下冲击球与薄膜接触时薄膜受到的冲击力和球的位移。可以看出，该力是通过追踪碰撞过程中冲击球的位置以及计算作用在薄膜上的沿面外方向的合力获得的。薄膜的冲击力-位移曲线和冲击球的动能-位移曲线分别如图 4-13(c)，(d)所示。可以看出，冲击球与薄膜接触后，其冲击力开始逐渐增大，相应的动能随着薄膜的面外变形开始减小。由于冲击作用，在较小的冲击位移后（a 点），碳纳米管与冲击球接触，导致局部断裂。当冲击位移增加到 $\delta=150$ Å（点 c）时，高速（$v_i=500$ m/s）的冲击球可以击穿薄膜[图 4-13(e)]，导致碳纳米管局部弯曲和断裂并形成孔洞。然而当低速（$v_i=200$ m/s）的冲击球被嵌入到薄膜中时，冲击球的动能可以被薄膜完全吸收。同时发现，当冲击球与薄膜接触时，薄膜逐渐发生变形。在这一过程中，冲击球通过碳纳米管的弯曲和管间滑动使稳定的多孔纳米结构膨胀，这对薄膜的抗冲击性能起着良好的辅助作用。

此外，还考虑了不同冲击球直径对薄膜冲击特性的影响。如图 4-14 所示，三种不同直径（100 Å，200 Å 和 300 Å）的冲击球以相同的速度 $v_i=500$ m/s 冲击薄膜，冲击球的质量保持不变，探究冲击球尺寸对冲击的影响规律。此外，由于 100 Å 的直径小于薄膜的间距，所以冲击球的冲击位置为两个垂直的碳纳米管的交叉位置。当 $v_i=500$ m/s，薄膜所受的冲击力-位移曲线见图 4-14(a)，在不同直径（100 Å，200 Å 和 300 Å）的碰撞过程中，冲击球随着位移变化的动能耗散曲线见图 4-14(b)。结果表明当冲击球直径为 200 Å 和 300 Å 时，薄膜所受的冲击力比冲击球直径为 100 Å 时的冲击力大，并且较大直径的冲击球的动能耗散比小直径冲击球的动能耗散减小得快。这是由于尺寸较大的冲击球和薄膜之间的接触面积较大，通过摩擦来耗散更多冲击球和碳纳米管之间的能量，导致碳纳米管变形。

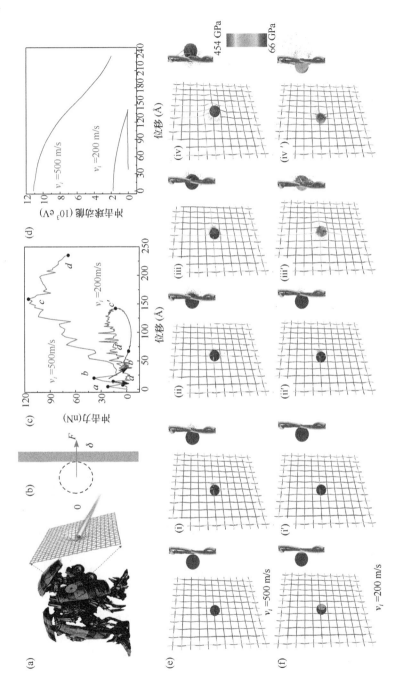

图4-13　(a)薄膜抗冲击行为的示意图；(b)冲击力-位移定义示意图；(c)不同速度冲击下薄膜受到的力F与位移δ的关系曲线；(d)不同冲击速度下直径为200 Å的冲击球在冲击过程中的动能耗散曲线；(e)、(f)v_i = 200 m/s和500 m/s时冲击球的冲击快照

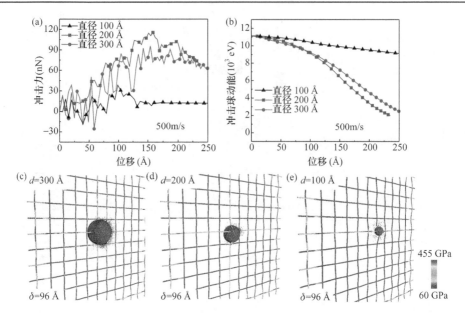

图 4-14　(a)在 $v_i = 500$ m/s 时，不同直径的冲击球冲击下，薄膜受到的力-位移曲线；
(b)在 $v_i = 500$ m/s 时，不同直径的冲击球冲击过程中的动能耗散曲线；(c)～(e)直径为
100 Å，200 Å 和 300 Å 的冲击球在 $\delta = 96$ Å 时的冲击快照

　　不同堆叠角度 γ 下的双层薄膜的冲击行为如图 4-15 所示。两层之间的距离设置为 10 Å。以 $\gamma = 0°$ 的双层膜为例，两层完全重叠的膜的冲击试验结果如图 4-15(b)～(g)所示。冲击速度 v_i 分别为 1000 m/s、500 m/s 和 200 m/s。研究发现，当冲击球接触到薄膜并破坏第一个碳纳米管时，双层薄膜受到的作用力达到峰值，这与单层薄膜的冲击行为相似，冲击球也能穿透双层薄膜，但穿透速度高达 1000 m/s(单层薄膜的穿透速度为 500 m/s)。然而，当冲击速度降低到 500 m/s 时，薄膜变形达到临界位置，冲击球反弹并出现明显的双层损伤。在这种情况下，虽然薄膜受到不规则孔的破坏，但孔的大小相对于冲击球的尺寸较小。所以冲击球仍然有很强的反作用力，出现弹跳现象。在冲击速度为 200 m/s 时，只有第一层被破坏，这是因为大部分的动能被双层的弹性变形和第一层的损伤所吸收，在很大程度上降低了撞击速度。这样冲击球就可以被第二层完全弹回而第二层薄膜不受任何损伤。

　　从图 4-16 中可以看出，$\gamma = 15°$、30°和 45°的双层薄膜在 $v_i = 500$ m/s 时具有相似的冲击行为，冲击球发生弹回，造成双层损伤。然而有趣的是，与 $\gamma = 15°$ 和 30°相比，$\gamma = 45°$ 的双层薄膜受到的最大冲击力更大，变形更小。这表明双层薄膜具有较好的抗冲击性能。这可能是由于当 $\gamma = 45°$ 时，由两个单层薄膜叠合而成的多孔二维结构更加均匀和致密，当冲击球与碳纳米管接触时，接触点更接近中心点，从而可以充分利用碳纳米管的固有力学性能。

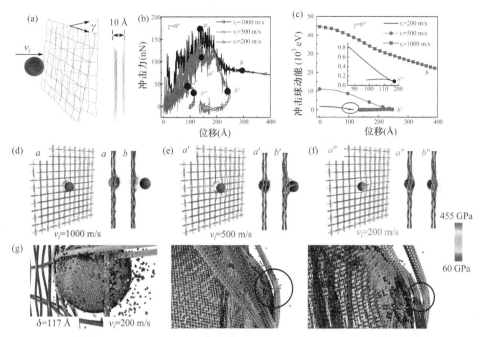

图 4-15　(a)直径为 200 Å 的冲击球对双层薄膜的冲击过程示意图；(b)在不同速度下冲击球冲击单层薄膜时，薄膜受到的力-位移曲线；(c)在不同冲击速度下冲击球的动能耗散曲线；(d)~(f)当 v_i = 1000 m/s、500 m/s 和 200 m/s 时，双层薄膜的透视图和侧面图；(g)双层薄膜局部失效的放大图

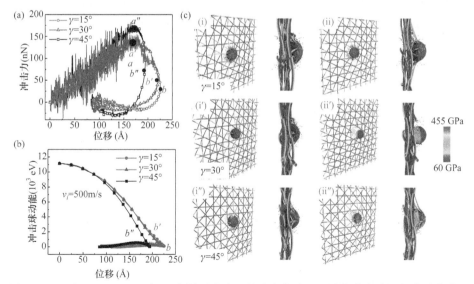

图 4-16　(a)在 v_i = 500 m/s 时，不同堆叠角度 γ 的冲击实验，双层薄膜受到的力-位移曲线；(b)在 v_i = 500 m/s 时，不同堆叠角度 γ 下，冲击球冲击过程的动能随位移的耗散曲线；(c)在 v_i = 500 m/s 时，不同堆叠角度 γ 下，双层薄膜的冲击快照

最后利用冲击强度和吸收能量的百分比来定量评价双层薄膜的抗冲击性能，其中冲击强度 σ_i 定义为

$$\sigma_i = F_p / (D \times \pi \times T) \tag{4-3}$$

式中，F_p 为冲击过程中薄膜的峰值力；T 为双层薄膜的厚度；D 为冲击球的直径。在 NVE 系综下推导出冲击球在整个冲击过程中的动能损失等于薄膜在整个冲击过程中的能量吸收。因此，可以通过从初始动力学能量中减去冲击球的剩余能量来估算薄膜的能量吸收[267]。因此，吸收能量的百分比 R 可以通过如下公式计算：

$$R = \left(E_i - E_r\right) / E_i \times 100\% \tag{4-4}$$

式中，$E_i = m_p v_i^2 / 2$，为冲击球的初始动能；$E_r = m_p v_c^2 / 2$，为冲击球开始反弹的动能；m_p 为冲击球的质量；v_i 为冲击球的冲击速度；v_c 为冲击球反弹时的临界速度。

图 4-17(a)为不同堆叠角度的双层薄膜的冲击强度和吸收能量百分比。可以看出，冲击强度和吸收能量的百分比与堆叠角度有关。当 $\gamma = 45°$时，冲击强度和吸收能量百分比分别达到最大值 537 MPa 和 99.6%。Zhan 等[268]使用 0.04 g 的球以 2.45 m/s 的速度撞击纳米碳缓冲垫，耗散能在 65～115 μJ 之间，吸收能占总能的 54.2%～95.8%。Wang 等[269]制备了叠层碳纳米管薄膜并对其冲击性能进行了测试，发现吸收能量的百分比为 79.75%和 48.16%。同时与其他传统材料进行对比[图 4-17(b)][268-274]，可见碳纳米管编织薄膜可以同时达到较高的冲击强度和吸收能量百分比。需要指出的是，在实际的材料系统中，存在着非常复杂的结构缺陷，这些缺陷会一定程度上影响冲击性能，因此实测数据可能相对低于预测数据。

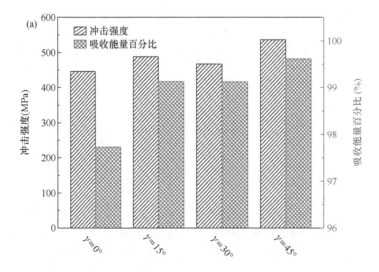

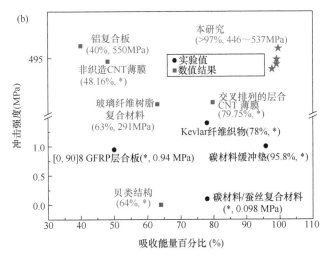

图 4-17　(a)不同堆叠角度的双层薄膜的冲击强度和吸收能量百分比；(b)碳纳米管编织薄膜与其他抗冲击材料关于冲击强度和吸收能量百分比方面的比较结果

4.4　定向排列碳纳米管薄膜

4.4.1　定向排列碳纳米管薄膜结构

如图 4-18 所示，定向的单壁碳纳米管薄膜是通过机械滑动法制备而成的[275]。将单壁碳纳米管以一定浓度溶解在氯磺酸中，将该溶液充分搅拌，然后转移并夹在两个洁净的载玻片之间。随后，将两个载玻片向相反的方向匀速滑动，进而获得定向排列的初始单壁碳纳米管薄膜，之后，通过乙醚清洗掉单壁碳纳米管薄膜中的氯磺酸。如图 4-18(a)，(b)所示，薄膜本身可以漂浮在水面上，这使得其可以被转移到包括金属、聚合物和陶瓷在内的不同类型的基材上。此外，通过调节溶液中单壁碳纳米管的浓度和载玻片上的法向力，可以将单壁碳纳米管薄膜的厚度控制在 20～200 nm 之间[图 4-18(c)]。图 4-18(d)显示了厚度约为 60 nm 的单壁碳纳米管薄膜的 AFM 图像。排列的单壁碳纳米管薄膜的典型形态结构如图 4-18(e)，(f)所示。分层材料中结构的排列程度与其多功能特性有关，因此使用太赫兹时域光谱(THz-TDS)来定量表征单壁碳纳米管薄膜的取向度。该方法已成功应用于定量研究单壁碳纳米管薄膜的各向异性结构[275]。通过 THz-TDS 可以得到二维材料的序列取向参数 S：

$$S = \frac{A_{\parallel} - A_{\perp}}{A_{\parallel} + A_{\perp}} \tag{4-5}$$

式中，$A_{\parallel}$ 和 $A_{\perp}$ 分别为沿着单壁碳纳米管轴向($\parallel$)和垂直于单壁碳纳米管轴向($\perp$)

方向。参数 S 与角度分布有关：

$$S = \langle 2\cos^2(\theta) - 1 \rangle \tag{4-6}$$

式中，S 值在 0 到 1 的范围内，0 和 1 分别对应于单壁碳纳米管的随机分布和完美定向排列。结果表明，在本材料体系中 $A_{\parallel}$ 取向要比 $A_{\perp}$ 强很多，证实存在明显的定向排列结构[图 4-18(g)]，计算出的 S 约为 0.6[图 4-18(h)]。

4.4.2　定向排列碳纳米管薄膜各向异性力学性质

1. 原位拉伸力学测试及拉伸失效力学行为

最近作者所在课题组开发了一种基于推-拉机制的扫描电镜内的二维材料拉伸力学测试技术，目前已经成功测量了包括石墨烯、$MoSe_2$ 在内的单层二维材料的力学性能[276, 277]。这种测试技术的优点在于可以直接观察二维材料的断裂失效

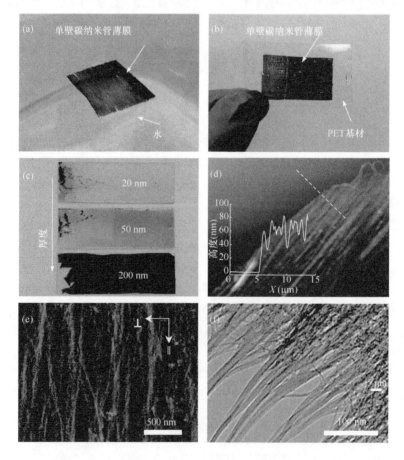

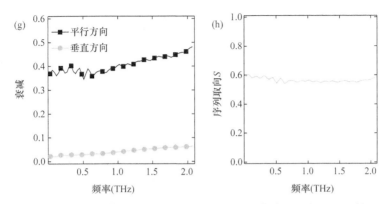

图 4-18　(a)单壁碳纳米管薄膜浮在水上；(b)单壁碳纳米管薄膜悬浮在 PET 基材上；(c)在载玻片上制备不同厚度的单壁碳纳米管薄膜；(d)单壁碳纳米管薄膜的 AFM 图像,插图为厚度测量；(e)定向排列的单壁碳纳米管薄膜的 SEM 图；(f)单壁碳纳米管薄膜的 TEM 图；(g)沿(‖)和(⊥)方向单壁碳纳米管薄膜的频率衰减谱及(h)计算出的相应序列取向结果

行为。因此，本研究中利用这种原位力学测试技术来研究单片单壁碳纳米管薄膜的各向异性力学性质。首先采用湿转法将单壁碳纳米管薄膜转移到一种微力加载器械上[277]，需要指出的是薄膜与器械之间需要拥有较大的接触面积进而可提供足够的黏附力来支持拉伸加载。如图 4-19 所示，悬浮的单壁碳纳米管薄膜的宽度约为 8 μm，为了确保薄膜的断裂行为具有可比性，所有测试样品均来自同一批次制备的薄膜。结果发现，单壁碳纳米管薄膜在两个正交方向上的断裂行为和力学性能完全不同。可以看出沿(‖)方向的裂纹路径为锯齿形，而沿(⊥)方向的裂纹路径是直线形。图 4-19(e)为沿两个方向进行拉伸测试的代表性应力-应变曲线，通过公式 $\sigma = F / wt$ 可计算拉伸应力 σ，其中 F 是拉伸力，w 和 t 分别是样品的宽度和厚度，并通过 $\varepsilon = (L - L_0) / L_0$ 来计算拉伸应变 ε，其中 L 是拉伸后单壁碳纳米管膜的悬浮区域的总长度，L_0 是初始长度。单壁碳纳米管薄膜的机械性能如图 4-19(f)所示，沿(‖)方向的平均断裂强度为 765 MPa，比沿(⊥)方向的断裂强度(199 MPa)高 284%。沿(‖)方向的平均杨氏模量为 126 GPa，与沿(⊥)方向的平均值(23 GPa)相比高 448%。同时沿(‖)方向的最大拉伸应变大约是沿(⊥)方向的最大拉伸应变的两倍。

2. 拉伸失效分子动力学模拟

为了进一步研究单壁碳纳米管薄膜结构的各向异性，使用粗粒化分子动力学模拟研究单轴拉伸载荷下单壁碳纳米管薄膜的微观结构演变机制。目前该理论方法已被广泛应用于研究 CNT 基材料的性能，如拉伸、压缩和摩擦性能等[278, 279]。在每个单壁碳纳米管中，两个粗粒化粒子贡献的拉伸能量表示如下：

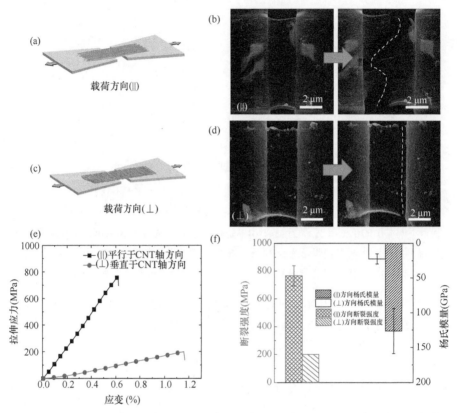

图 4-19　(a)沿 (∥) 方向进行原位拉伸测试示意图；(b)沿 (∥) 方向加载前后单壁碳纳米管薄膜的
SEM 图；(c)沿 (⊥) 方向进行原位拉伸测试示意图；(d)沿 (⊥) 方向加载前后单壁碳纳米管薄膜的
SEM 图；(e)单壁碳纳米管薄膜沿 (∥) 和 (⊥) 方向的拉伸应力-应变曲线；(f)沿相互正交两个方向
的断裂强度和杨氏模量

$$E_{Bond} = K_{Bond}(l - l_0)/2 \tag{4-7}$$

式中，K_{Bond} 为粗粒化键的刚度；l 为两个粗粒化粒子之间的弹性长度，其中
$l_0 = 1$ nm，为其平衡长度。相邻的三个粒子所贡献的弯曲能量定义如下：

$$E_{Bend} = K_{Bend}(\theta - \theta_0)/2 \tag{4-8}$$

式中，K_{Bend} 为角度弹性刚度；θ 为相邻弹簧之间的夹角，其中 $\theta_0 = 180°$ 作为它的
平衡角度。此外，用标准的 Lennard-Jones 势定义了离散粒子之间的范德华力远距
离相互作用：

$$E_{pair} = 4\varepsilon[(\sigma/r)^{12} - (\sigma/r)^6] \tag{4-9}$$

式中，σ、ε 和 r 分别为距离参数、平衡时的能量井深度和两个相互作用粒子之
间的距离。在本研究中，作为与实验样本相似的对照模型，单壁碳纳米管的良好

排列是通过在相同长度下，等效单壁碳纳米管的侧壁随机重叠产生的。初始生成的单壁碳纳米管薄膜尺寸为 1.40 μm × 1.00 μm × 0.30 μm，由 380110 个粒子组成。

在不同应变下沿两个正交方向的样品薄膜结构快照如图 4-20 所示，其中根据相应的势能对粗粒化粒子进行着色，结果表明，单壁碳纳米管侧壁之间的剪切作用在沿(‖)方向的应力传递中起着关键作用，而剥离作用在(⊥)方向上占主导地位。一些实验和理论工作证明，单壁碳纳米管和其他基材的剪切作用要比基于范德华相互作用的剥离作用强[280, 281]。主要原因是基于剪切效应的有效范德华交互作用区域比基于剥离效应的有效范德华交互作用区域大，从而导致更有效的剪切应力传递。可以观察到，当拉伸应变达到 5% 时，这种剪切效应会在单壁碳纳米管之间引起滑动破坏，如图 4-20(a)中的插图所示。在这种情况下，初始裂纹沿横向的扩展需要克服沿加载方向的滑动，从而导致如图 4-20(b)所示的不均匀的开裂裂纹。

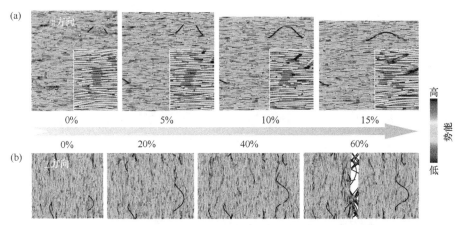

图 4-20　(a)单壁碳纳米管薄膜沿(‖)方向的结构演变；(b)单壁碳纳米管膜沿(⊥)方向的结构演变

在定向排列的单壁碳纳米管的薄膜结构中，除了单壁碳纳米管之间的侧壁接触之外，单壁碳纳米管之间的缠结在应力传递中也起着关键作用。在本研究中，还考虑了在拉伸载荷作用下这种纠缠对结构的影响。在实际的材料系统中，纠缠的形态非常复杂，为了简化模型，使用 Lu 和 Chou[282]描述的两个单独的单壁碳纳米管的自折叠缠结来建立定向排列的单壁碳纳米管膜(图 4-21)。如图 4-21(a)，(b)所示，应力可以通过自折叠缠结的互锁效应沿(‖)方向传递，从而提高承载能力。然而可以看出沿着(⊥)方向这种缠结在应力传递中起次要作用。为了进一步支撑该观点，追踪了单壁碳纳米管缠结的关键因素，在不同的拉伸应变条件下，如图 4-21(c)，(d)所示，通过势能云图可以看出在相同的应变互锁区域，沿(‖)方向缠结的势能比沿(⊥)方向的势能更高，表明应力传递效率更高。

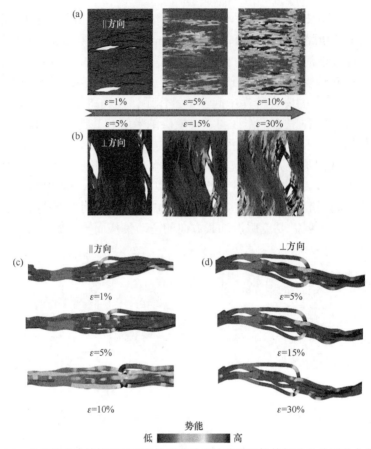

图 4-21　考虑带有缠结情况的定向排列碳纳米管薄膜的拉伸粗粒化分子动力学模拟

4.4.3　定向排列碳纳米管薄膜/环氧树脂夹层复合材料

1. 定向排列碳纳米管薄膜/环氧基夹层复合材料的制备及结构

本研究中提出了一种新的碳纳米管薄膜复合材料结构，即将超薄的定向排列单壁碳纳米管薄膜夹层于聚合物内进而形成超薄夹层复合材料。如图 4-22(a)所示，首先将环氧树脂前驱体薄层平整铺在一块橡胶上，然后将悬浮在 PET 框架上的单壁碳纳米管膜加载到环氧层上，按照相同的策略，将环氧树脂层和单壁碳纳米管膜交替堆叠在一起，最后，将未固化的层压纳米复合材料在 60 ℃下固化 24 h。为了比较夹层纳米复合材料的机械性能，使用厚度约 300 nm 的单壁碳纳米管薄膜来制备所有样品。图 4-22(b)中显示的是具有四层单壁碳纳米管薄膜的纳米复合材料。将合成后的纳米复合材料切成 2 in① × 1 in，用于后续的机械测试。夹层纳

---

① 1 in = 2.54 cm。

米复合材料的横截面清楚地显示了单壁碳纳米管膜[图 4-22(c)]，在单壁碳纳米管膜和环氧基体之间的界面上未发现任何空隙，表明两者之间界面结合牢固。

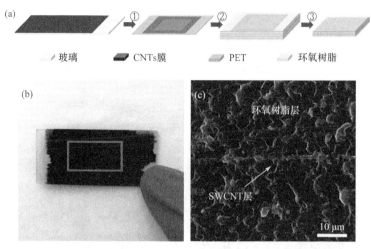

图 4-22　(a)碳纳米管薄膜夹层复合材料制备过程示意图；(b)制备好的碳纳米管薄膜复合材料；(c)纳米复合材料横截面的 SEM 图

2. 定向排列碳纳米管薄膜/环氧基夹层复合材料的拉伸力学性质

为了揭示所制备的夹层纳米复合材料的力学性能，利用微机械测试仪进行了如图 4-23 所示的单轴拉伸测试，其中拉伸加载方向平行于 CNT 轴向[图 4-23(a)]。图 4-23(b)为四层单壁碳纳米管薄膜增强的夹层纳米复合材料的拉伸应力-应变曲线。根据拉伸应力-应变曲线，可以直接获得拉伸断裂强度、杨氏模量和拉伸韧性在内的力学性能参数，其中断裂强度为最大拉伸应力，杨氏模量由应力-应变曲线的初始线性区域计算，韧性为整个拉伸过程的功(应力-应变曲线下的区域面积)。测试结果表明添加碳纳米管薄膜后断裂强度、杨氏模量和拉伸韧性比纯环氧树脂分别提高了 93.53%、59.15%和 146.83%。

为了揭示单壁碳纳米管薄膜的力学增强机理，深入地分析了四层单壁碳纳米管膜增强的纳米复合材料的断裂表面，发现即使基体断裂，单壁碳纳米管膜仍能桥连裂纹(图 4-24)，这意味着单壁碳纳米管膜与环氧树脂基体之间存在很强的界面相互作用。在单壁碳纳米管膜和环氧基体之间，随着载荷的进一步增加，单壁碳纳米管薄膜被从基体中部分拔出并发生断裂。显然，单壁碳纳米管薄膜的断口与基体的断口没有重叠[图 4-23(c)～(e)]，这表明即使在基体断裂后，脱黏仍会继续发生，而且脱黏的单壁碳纳米管薄膜和基体之间的滑动阻力会进一步延迟机械失效。图 4-23(f)显示了完全去除单壁碳纳米管膜后基体断裂表面的整体形貌，包

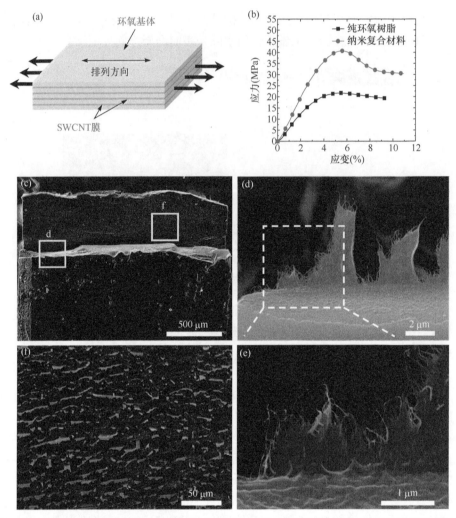

图 4-23　(a)四层单壁碳纳米管薄膜夹层纳米复合材料的拉伸测试示意图；(b)夹层纳米复合材料
和纯环氧树脂的拉伸应力-应变曲线；(c)纳米复合材料断裂面 SEM 图；(d)，(e)图(c)中标记区
域的高倍 SEM 图；(f)图(c)中标记区域的环氧基体的表面形貌

含了许多小岛状的粗糙表面，这是由单壁碳纳米管薄膜和基体之间的强界面相互
作用引起的高剪切应力所导致的。垂直于加载方向和 CNT 轴的断口具有锯齿状
的形态，这可能是由于单壁碳纳米管之间沿着排列方向的剪切破坏引起的。这种
粗糙的断裂表面不同于内部没有任何单壁碳纳米管膜的环氧树脂基体的断裂表面
(图 4-25)。另外，观察发现环氧树脂可以渗透到单壁碳纳米管膜的微沟槽中，随
后形成紧密的单壁碳纳米管-基体网络结构，这对界面应力传递起到了积极作用
(图 4-26)。

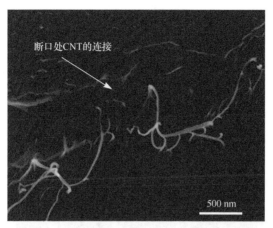

图 4-24 夹层纳米复合材料断裂表面的 SEM 图

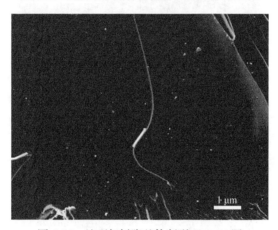

图 4-25 纯环氧树脂基体断裂面 SEM 图

一般情况下，复合材料的断裂强度和杨氏模量可以通过混合率来计算。单壁碳纳米管薄膜的体积比 V_f 是影响复合材料力学性能的关键参数。为了获得纳米复合材料中单壁碳纳米管薄膜的最佳体积分数，首先制备了单层、双层、四层和八层单壁碳纳米管薄膜增强的四种纳米复合材料，然后再进行断裂测试，以获得单壁碳纳米管薄膜在纳米复合材料中的最佳体积分数。图 4-27 展示了力学性能与 V_f 之间的依赖关系。结果表明随着试样体积分数 V_f 的增加，试样的断裂强度、杨氏模量和韧性均增加。八层单壁碳纳米管复合材料的断裂强度、杨氏模量和韧性分别可以达到 41.65 MPa、1.26 GPa 和 3.28×10^6 J/m³。事实上，纳米复合材料的力学性能不仅取决于 CNT 薄膜的排列，还取决于 CNT 与纳米复合材料的质量比。这里的关键问题是对于相同数量的 CNT，什么样的空间分布可以产生最佳

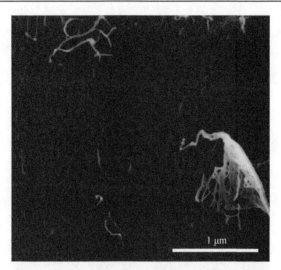

图 4-26   单壁碳纳米管薄膜增强纳米复合材料层 SEM 图

的增强效果。为了研究整齐排列的单壁碳纳米管薄膜的增强潜力，定义了增强系数 η。η 是增加的杨氏模量 ΔE 与纳米复合材料中 CNT 质量分数的比值。ΔE 为纳米复合材料与基体的杨氏模量之差。表 4-2 总结了本研究和其他代表性的研究的增强系数[283-296]。不难理解，η 越高表示增强效果越好。所选文献中最高的 η 为 710 GPa，是基于双壁 CNT 增强的 PAA 纳米复合材料。令人惊讶的是，在本研究中最高的 η 为 2368 GPa，这发生在八层单壁碳纳米管膜增强的叠层纳米复合材料中。这个值比文献中最高的结果高出三倍以上。这一结果表明，少量的 CNT 可以在一定取向上实现纳米复合材料更高的力学增强效果，然而这取决于 CNT 的空间分布以及纳米复合材料中碳纳米管与基体之间界面性能的调控。

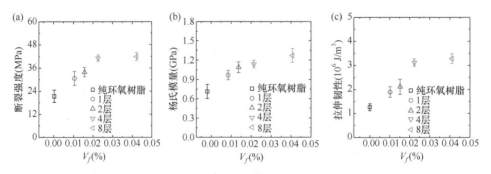

图 4-27   不同体积比和单壁碳纳米管薄膜层的纳米复合材料的拉伸力学性能关系：(a)断裂强度、(b)杨氏模量和(c)拉伸韧性

表 4-2　不同 CNT 增强纳米复合材料的模量比

| 增强体 | 基体 | CNT 质量分数(%) | 杨氏模量(GPa) | | ΔE(GPa) | η(GPa) | 参考文献 |
			空白	复合			
单壁碳纳米管	PEO	1	0.06	0.15	0.09	9	[284]
双壁碳纳米管	环氧树脂	1	3.29	3.51	0.22	22	[285]
碳纳米管	环氧树脂	1	1.65	2.15	0.50	50	[286]
多壁碳纳米管	Kevlar	2	1.50	2.50	1.00	50	[287]
单壁碳纳米管	EPON 862	1	2.03	2.63	0.60	60	[283]
多壁碳纳米管	PAA	1	4.18	4.91	0.73	73	[288]
单壁碳纳米管	环氧树脂	1	3.79	4.54	0.75	75	[289]
多壁碳纳米管	环氧树脂	1	0.92	1.79	0.87	87	[290]
多壁碳纳米管	酚醛树脂	0.5	5.13	5.71	0.58	116	[291]
单壁碳纳米管	EPI-W	0.5	2.44	3.04	0.60	120	[292]
多壁碳纳米管	酚醛树脂	1	5.12	6.50	1.38	138	[293]
双壁碳纳米管	PVA	1	2.00	3.60	1.60	160	[294]
多壁碳纳米管	PVA	1	1.90	7.04	5.14	514	[295]
双壁碳纳米管	PAA	0.1	0.93	1.64	0.71	710	[296]
碳纳米管薄膜	EMbed 812	0.0152	0.71	1.07	0.36	2368	本研究

4.4.4　定向排列碳纳米管薄膜/PDMS 夹层复合材料

1. 拉伸载荷下的电响应

为了研究定向排列碳纳米管薄膜夹层复合材料的各向异性电学行为及其潜在应用，制备一种由单壁碳纳米管薄膜增强的高弹夹层纳米复合材料[297]，其中定向排列的单壁碳纳米管薄膜夹在两层弹性聚二甲基硅氧烷(PDMS)基体之间制备了具有柔性取向的单壁碳纳米管薄膜层压纳米复合材料(基体与固化剂的比例为10∶1)。如图 4-28(a)所示，将一层厚约 1.0 mm 的 PDMS 层铺到皮氏培养皿中。将悬浮在中心有孔的抛光铜板上的单壁碳纳米管膜轻轻地铺在 PDMS 上，然后滴下另一层厚度约 1.0 mm 的 PDMS。进行 10 min 排气后，将夹层复合材料在真空烘箱中 70 ℃固化 1 h。铜的两端分别用柔性导线焊接，将该导线连接到 Keithley分析仪上以在机械变形过程中进行电信号测量。

测试两个方向上的电学行为，即沿着单壁碳纳米管轴向(∥)和垂直于单壁碳纳米管轴向(⊥)。在加载之前，沿(∥)和(⊥)的电阻分别为 10 Ω 和 38 Ω，图 4-28(b)显示初始拉伸载荷下的电阻变化，R 和 R_0 分别是机械负载下和负载之前的电阻，

$(R - R_0)/R_0$ 表示电阻变化。随着应变的增加，电阻变化保持相对稳定，直到沿(‖)方向的应变达到 16%，而沿(⊥)方向的应变达到 50%之后，电阻变化急剧增加。当沿两个方向的应变分别达到 22%和 80%时，连接处于开路状态，这表明单壁碳纳米管膜完全断裂。为了更好地将电行为和机械变形相关联，如图 4-28(c)，(d)所示，选定了在不同应变下的拉伸样品的快照，发现在拉伸测试过程中，单壁碳纳米管膜沿(‖)方向的应变为 12%时会出现一个小裂纹，随着应变的增加，裂纹会继续扩展，同时产生一些新的裂纹。沿(⊥)方向的应变为 15%时会产生初始裂纹。有趣的是，沿两个方向的机械变形下的裂纹演化过程完全不同，沿(‖)方向呈弧形的裂纹几乎贯穿整个横截面，而沿着(⊥)方向的裂纹更短、更密集，被划分为均匀狭窄的桥联图案。

　　除了最初的加载和卸载之外，进行更多的循环测试来揭示夹层复合材料在循环加载过程中的电响应。将沿(‖)和(⊥)方向的最大应变分别控制在 16%和 50%，图 4-28(e)，(f)所示为电阻沿两个方向随应变循环的变化行为，发现初始循环负载后的电阻沿(‖)增大至约 100 Ω，沿(⊥)增大至约 50 Ω，与原始电阻相比分别增大了 900%和 25%。原因可能包括：首先，尽管薄膜中的单壁碳纳米管大多排列良好，但仍有一些单壁碳纳米管彼此交叉。这些单壁碳纳米管的位移会相互协调，以在机械加载过程中保持接触，从而在初始加载后产生稳定的电阻。其次，当对单壁碳纳米管薄膜上施加较大的应变时，最弱的点可能首先断裂，从而导致较高的初始电阻。另外，发现初始载荷下的拉伸电学性能与循环载荷下的不同。这主要是由于在初始载荷下，当应变达到某个临界值时，就会产生裂纹，并且裂纹的数量会随着应变的增加而增加。在初始卸载过程中，尽管 PDMS 基体具有优异的弹性，单壁碳纳米管薄膜似乎恢复了初始状态，但仍保留了裂纹。有趣的是，在随后的循环测试中，观察到裂纹扩展基本上是沿着初始循环中裂纹轨迹的方向，这可能导致在相同应变下结构的裂纹的数量和大小不同，因而结构的电阻响应也不同。

　　由于在初始加载后的循环测试过程中，裂纹数量不会发生太大变化，因此单壁碳纳米管膜的电阻表现出循环稳定性。在图 4-28(e)中，随着应变的增加，电阻沿(‖)方向的变化几乎是线性的，并且在循环测试中是可逆的，而沿(⊥)方向的电阻变化对机械变形不敏感[图 4-28(f)]。本工作采用应变灵敏度因数(电阻与应变曲线的斜率，gauge factor，GF)来进一步研究传感器系统的电灵敏度和各向异性。沿(‖)和(⊥)方向的 GF 分别约为 59 和 1。将传感器的灵敏度与通过定向结构的其他应变/力传感器的灵敏度进行了比较[298-303]，如表 4-3 所示，可以清楚地看到本材料系统可以实现相对较高的灵敏度。另外，沿(‖)方向的灵敏度通常要比沿(⊥)方向的灵敏度高得多。

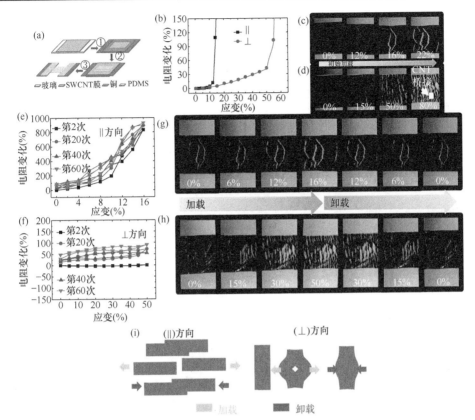

图 4-28　(a)制备单壁碳纳米管薄膜夹层复合材料示意图；(b)在初始载荷下，两个正交方向的电阻变化和应变关系；(c)，(d)初始载荷及不同应变下试样的拉伸快照；(e)，(f)在循环载荷下沿两个正交方向的电阻变化和应变关系；(g)，(h)在第 4 次循环加载下，不同应变下试样的拉伸快照；(i)沿(‖)和(⊥)方向的裂纹形成以及对电阻响应的影响机理示意图

表 4-3　传感器系统与其他碳基传感器的灵敏度比较

材料	灵敏度		参考文献
	(‖)方向	(⊥)方向	
定向排列的单壁碳纳米管膜/PDMS 纳米复合材料	59	1	本工作
定向排列的单壁碳纳米管/PDMS 纳米复合材料	—a	0.82	[298]
碳纳米管纱线	0.38	0.02~0.04	[299]
碳化丝织物/Ecoflex 纳米复合材料	375.2	20.4	[300]b
定向排列的碳纳米管纤维/Ecoflex 纳米复合材料	106	—	[301]
定向排列多壁碳纳米管/聚砜复合膜	2.78	—	[302]
碳纳米管阵列	15.05	0.66	[303]c

a 参考文献中未显示相关数据；b 参考文献中的 x 和 y 方向定义为(‖)和(⊥)方向；c 参考文献中应力传感器的灵敏度由电阻变化率和应力变化率计算。

为了进一步了解电学行为的各向异性，采集了在不同的应变下夹层纳米复合材料的光学图像，如图 4-28(g), (h)所示，在初始载荷下，裂纹的数量以及裂纹形状在循环载荷下都没有明显变化，这说明了电响应的稳定性。沿着(‖)方向裂纹处的有效接触依赖于与机械变形强烈对应的间隙宽度，然而沿(⊥)方向间隙通过单壁碳纳米管连续桥连，这种单壁碳纳米管桥在很大程度上确保了接触区域，因此，在循环应变条件下，沿(⊥)方向的电阻变化很小。更详细的说明如图 4-28(i)所示，沿(‖)方向的电阻较大变化主要归因于裂纹处碳纳米管之间的剪切应力引起的剪切滑移机制，碳纳米管之间的接触面积对裂纹宽度变化非常敏感，因此，尽管裂纹的数量和形态没有明显变化，但与裂纹宽度有关的应变的微小变化可能导致电阻的较大变化。相反，沿着(⊥)方向剥离效应将主导变形，由此可以形成桥接间隙，然而，对于这种裂纹图案，间隙宽度的变化对碳纳米管之间的有效接触面积的影响较小，因此电响应对应变状态不敏感。

2. 人工皮肤

单壁碳纳米管薄膜复合材料由于其独特的各向异性机械-电性能，在智能人工皮肤领域有着广阔的应用前景。在这里提出如图 4-29(a)所示的可感知方向的人工皮肤结构设计概念。尽管基于碳纳米管的应变传感器已被设计用于监测复杂的人体运动，包括拉伸、压缩和弯曲[298, 304, 305]，但检测外力方向的工作仍然缺乏。一些工作表明，十字形的结构设计可以使传感器感知方向[301, 306, 307]。基于这种思想，设计并制造了一个传感器单元，该单元是由两块定向排列的单壁碳纳米管薄膜和 PDMS 基体组成的十字形叠层结构[图 4-29(b)]，其中碳纳米管的排列方向平行于薄膜的最长边。为了确保电信号不会相互干扰，在两个定向排列的单壁碳纳米管膜之间保留了较小间隙[图 4-29(c)]。将两个定向排列的单壁碳纳米管薄膜分别编号为#1 和#2[图 4-29(d)]，将全方位(0°~360°)分为四个象限，每个象限覆盖 90° 范围，将碳纳米管的取向与加载方向之间的角度设为 θ。为了揭示所设计的运动传感器的稳定性及方向感知性，进行了十字单元的循环拉伸测试。图 4-29(e)显示出具有不同角度 θ 的碳纳米管膜#1 和#2 的电阻响应，其中电阻变化对应变的依赖性从 0 增加到 5%，然后又减小至 0%，然后又增加到 10%。同时观察到在 $\theta < 30°$ 时，电阻变化相对较大，当 $\theta > 30°$ 时趋于平缓。如图 4-29(f)所示，这主要归因于沿着角度 $\theta(0° < \theta < 90°)$ 的加载会产生对碳纳米管膜的剪切和剥离的共同作用。当 $\theta < 30°$ 时，碳纳米管可以保持良好的定向排列结构，这时剪切作用为碳纳米管薄膜变形的主要原因，并可能导致碳纳米管之间发生剪切滑移，由此引起的裂缝模式会使得碳纳米管之间接触面积急剧变化，因此可以获得良好的电响应。当 $\theta > 30°$ 时，观察到剥离效应主导了碳纳米管之间的相互作用，并导致了桥接/网络结构，通过该裂纹图案可以得知，在负载期间碳纳米管之间的连接相对良好，因此使碳纳米管薄膜表现出相对较弱的电响应。在实际应用中，可以结合#1 和#2 的反向电响应来监视任意方向。这种简单的设计可用于监测力的方向，这将在设计更智能的机器人方面获得更多的应用。

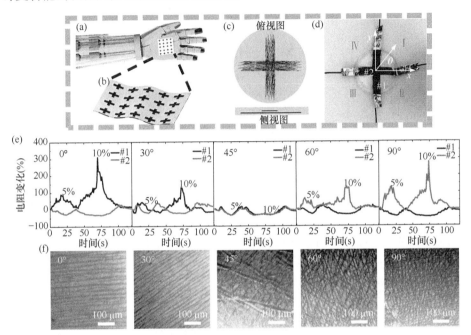

图 4-29　(a)机器人手臂示意图，其中一块人造皮肤覆盖在机器人的手臂上；(b)基于十字形结构设计的可感知方向的人造皮肤；(c)由两个定向排列的单壁碳纳米管薄膜组装而成的十字形层压结构的俯视图和侧视图；(d)一块制备好的基于十字的碳纳米管夹层复合材料智能人工皮肤单元；(e)沿着不同加载角度不同应变下电信号对加载和卸载的响应；(f)不同加载角度下碳纳米管薄膜内部结构变化光镜图

第 5 章　碳纳米管剪裁结构

5.1　引　言

近些年，一些科研工作者提出了针对二维石墨烯的剪裁结构设计思路，并分别从实验和理论角度构造出了基于剪裁的带有周期特征的石墨烯纳米带结构，发现裁剪后材料的延展性获得了极大程度上的提升[308-311]。然而到目前为止对于一维碳纳米管剪裁方面的工作尚处于起步阶段，因此在本章中，首先受传统剪纸艺术的启发提出了碳纳米管拉花结构，并采用分子动力学模拟方法对这种多孔的碳纳米管拉花结构进行单轴拉伸模拟，考察其拉伸变形能力。另外，提出将碳纳米管部分剪开而成仿螺丝钉结构，试图通过机械啮合作用提高纳米管与基体之间的界面应力传递，在这部分内容中将通过实验与模拟相结合方法来验证这一思路的正确性。本章的内容可以为读者进行碳纳米管自身的结构设计及其应用提供新的思路。

5.2　碳纳米管拉花结构

5.2.1　碳纳米管拉花结构分子模型

本研究取直径约为 27 nm、手性为(200，200)的单壁碳纳米管来构造碳纳米管拉花结构。图 5-1 所示是由从碳纳米管表面删除一部分原子之后获得的碳纳米管拉花结构(CNT-K)。本研究构造了三种不同的碳纳米管多孔结构，基于孔洞形状的不同把它们分为矩形拉花(OCK)、菱形拉花(RCK)以及椭圆形拉花(ECK)结构，相关几何参数的选择如表 5-1 所示，单元体的高度和宽度分别定义为 $2a$ 和 $2b$。为了简化模型，裁剪后的碳纳米管中所有的纳米带的宽度相同，定义为 L，并且单元体的长宽比定义为 $\theta(\tan\theta = 2b/2a)$。需要注意的是，本研究中并没有采用氢原子饱和处理裁剪后的纳米带边缘处的碳原子。图 5-1 中所示的三个代表性的碳纳米管拉花结构的相关参数分别为 $\theta = 15°$，$L = 8$ Å，$b = 141.37$ Å，这三个代表性的碳纳米管拉花结构分别由 15570、13509 和 19584 个原子组成。此外，为了消除非周期边界条件拉伸模拟过程中易受到的边界效应影响，在轴向采用了周期性边界条件。

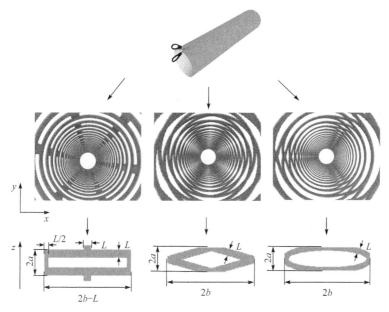

图 5-1　碳纳米管拉花结构裁剪示意图

表 5-1　碳纳米管拉花结构的几何参数

参数 θ	参数 b(Å)	参数 L(Å)
15°	141.37	6
30°	106.03	8
45°	84.823	10
60°	70.69	12
75°	53.01	14
	42.41	16
	35.35	
	30.3	
	26.5	

当几何参数为某些值时，碳纳米管拉花结构表面的孔洞会发生互相重叠的现象，因此本研究定义了参数 $\lambda_{\text{CNT-K}}$ 来表征这一重叠现象：

$$\lambda_{\text{OCK}} = L - b \tag{5-1}$$

$$\lambda_{\text{RCK}} = \frac{L\sqrt{a^2 + b^2} - b^2}{b} \tag{5-2}$$

$$\lambda_{\text{ECK}} = \frac{2b + L}{2(2a + L)}\sqrt{4aL + L^2} - \frac{2b - L}{2} \tag{5-3}$$

当$\lambda_{CNT-K} < 0$ 时，碳纳米管拉花结构表面的孔洞会发生互相重叠的现象，相反，当$\lambda_{CNT-K} > 0$ 时，碳纳米管拉花结构表面的孔洞不会发生互相重叠的现象。值得注意的是，已知石墨烯与 MoS_2 裁剪结构中纳米带的长度是结构力学性能的重要参数之一[309, 311]，但是由于碳纳米管拉花结构的周期性边界条件，故此结构的长度对于整体的力学性能并没有影响。

为了探究碳纳米管拉花结构的力学性能，本章中碳原子之间的相互作用采用REBO 势函数来进行计算。分子动力学模拟过程如下：在对碳纳米管拉花结构实施单轴拉伸载荷之前，首先通过共轭梯度法将结构准静态松弛到局部能量最小构型，随后进行弛豫，弛豫时间为 10 ps。弛豫过程中，在 NPT 系综条件下，生成的碳纳米管拉花结构能够在零气压的条件下沿着轴向收缩和膨胀。模拟过程中时间步长取为 0.001 ps，温度设置为 1 K。充分松弛后的碳纳米管拉花结构随后在NVT 系综下，通过每 1000 个时间步均匀地重新调整所有原子的轴向坐标而实现拉伸变形。使用的应变率为 0.005 ps^{-1}。在拉伸过程中，碳纳米管拉花结构能够在横向发生泊松收缩。

5.2.2　碳纳米管拉花结构拉伸力学性质

1. 碳纳米管拉花结构的拉伸失效行为

为了探究碳纳米管拉花结构在单轴拉伸过程中的应力响应，本研究选取了具有相同几何参数($\theta = 15°$, $b = 141.37$ Å, $L = 0.6$ nm)的矩形拉花结构、菱形拉花结构和椭圆形拉花结构三种结构进行拉伸，三种结构所得的拉伸应力-应变曲线如图 5-2 所示，从三个结构的应力-应变曲线图可以看出整个拉伸过程可以分为三个阶段，分别称为几何变形阶段、弹性变形阶段和断裂变形阶段。在几何变形阶段，碳纳米管拉花结构的整体应力接近于 0，显然碳纳米管拉花结构在应力这方面的表现与无缺陷的碳纳米管是截然不同的，碳纳米管拉花结构在延展性方面的表现远高于石墨烯和 MoS_2 裁剪结构的延展性表现[309-311]。在弹性变形阶段，矩形拉花结构、菱形拉花结构和椭圆形拉花结构三种结构的拉伸应变分别已超过了 150%，190%和 100%，随着进一步拉伸，三种结构的拉伸应力大幅提升，然而拉伸应变在弹性变形阶段通常在 50%左右，当弹性变形阶段结束时，其最大断裂强度大约为 1 GPa。三种结构在几何变形阶段和弹性变形阶段存在如此大的区别，主要是由于两个阶段截然不同的变形机制。三个结构断裂变形的最后阶段是高度拉伸的碳纳米管拉花结构的破坏阶段，从断裂变形阶段的应力-应变曲线中可以看出，菱形拉花结构和椭圆形拉花结构在断裂变形阶段的应力小幅度上升。从应力-应变曲线图中还可以看出，当拉伸应变超过临界值时，结构的应力很快降为 0，这表明结构的破坏以很快的速度扩展。

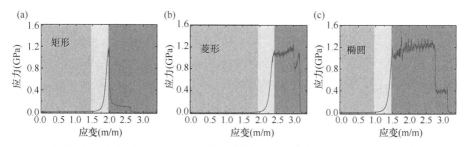

图 5-2　拉伸应力-应变示意图：(a)矩形拉花结构；(b)菱形拉花结构；(c)椭圆形拉花结构

　　为了探究碳纳米管拉花结构的变形机制，本研究选取矩形拉花结构的拉伸变形过程进行分析，图 5-3 为矩形拉花结构在拉伸过程中不同阶段的结构示意图，其中原子是基于米塞斯应力着色。图 5-3(a)所示是矩形拉花结构在施加拉伸载荷之前、热平衡之后的结构图，在几何变形阶段，矩形拉花结构随着拉伸载荷逐渐加载的过程自身结构也被拉长，与此同时互相连接的纳米带发生翻转、扭转和弯曲，同时纳米带的弯曲会导致碳纳米管的局部屈曲变形，这也是碳纳米管拉花结构实现超大延展性的主要原因，此时矩形拉花结构中的原子应力很小。在矩形拉花结构变形过程中，其半径会大幅缩小，当矩形拉花结构的拉伸应变达到一定临界值时，纳米带的翻转和扭转会停止，矩形拉花结构由最初的管状结构变形为由平行于拉伸方向高度对齐的纳米带组成的密实结构，这种密实结构的进一步拉伸便对应矩形拉花结构的弹性变形阶段。图 5-3(c)所示为拉伸应变为 1.96 时矩形拉花结构的结构图，从图中可以看出，应力高度集中现象发生在纳米带间连接点处，这一现象与石墨烯裁剪过程中观察到的现象一致，并且局部断裂也发生在纳米带间连接点处的应力集中位置，该位置是矩形拉花结构初始结构中矩形孔洞的边角处。图 5-3(d)所示为矩形拉花结构完全断裂后的结构状态图。此外，为了探究原子尺度和宏观尺度下管状结构的变形差异，构造了一个与矩形拉花结构具有相似拓扑图案的塑料圆筒裁剪结构，图 5-3(e)，(f)所示为塑料圆筒裁剪结构在不同拉伸应变载荷下的变形特征。从图 5-3(f)中可以看出，塑料圆筒裁剪结构的变形特征与图 5-3(b)中的矩形拉花结构的变形特征十分相似，这说明宏观裁剪材料具有的优异性不仅仅局限于宏观材料，碳纳米管这类微观结构可能同样具有宏观裁剪材料所具有的优异性。

　　从图 5-3 中可以看出，在矩形拉花结构的拉伸过程中，其横截面会由于碳纳米管拉花结构中纳米带的翻转、扭转和弯曲而缩小，这表明碳纳米管拉花结构具有很大的泊松比，这种现象在菱形拉花结构和椭圆形拉花结构中也同样存在。因此，为了分析不同裁剪方式的碳纳米管拉花结构的泊松比变化特点，分别计算了矩形拉花结构、菱形拉花结构和椭圆形拉花结构三种结构在不同拉伸应变下的原子泊松比，其中，碳纳米管拉花结构中的原子泊松比的定义为

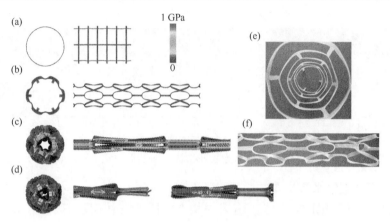

图 5-3　矩形拉花结构拉伸分析

(a)～(d)拉伸过程中结构示意图，拉伸应变分别为 0%、144%、196%和 209%；(e)，(f)具有相似裁剪图案的塑料圆筒拉伸示意图

$$v_i = -\frac{d_{i0}^c - d_i^c}{d_i^c} / \varepsilon \tag{5-4}$$

式中，v_i 为原子的泊松比；ε 为碳纳米管拉花结构的整体拉伸应变；d_{i0}^c 为初始时刻 i 原子与所在研究体系质心位置在 x-y 平面(径向平面)的投影之间的距离；d_i^c 为拉伸应变为 ε 时 i 原子与所在研究体系质心位置在 x-y 平面(径向平面)的投影之间的距离。

　　图 5-4 所示为矩形拉花结构、菱形拉花结构和椭圆形拉花结构三种结构在不同变形程度下的横截面示意图，其中碳原子根据原子泊松比大小着色。需要指出的是，由于裁剪方式和局部应力分布的不同，本研究中所有的碳纳米管拉花结构在初始拉伸状态时的横截面并非依然能够保持圆形，但是所有的碳纳米管拉花结构依然能够保持较高的稳定性且不会发生坍塌。从原子泊松比分布图中可以看出，所有的碳纳米管拉花结构的圆形横截面会随着拉伸应变的逐渐增大而变为截然不同的图案，通过分析发现，在发生破坏前，这种图案的不同取决于拉伸应变的大小和碳纳米管拉花结构的种类。在拉伸应变为 0.026 时，矩形拉花结构的横截面为六边形，并且矩形拉花结构的横截面随着拉伸的持续逐渐收缩成花一样的形态，矩形拉花结构的横截面最终变成圆形，并且相比于其他两种裁剪方式，矩形拉花结构靠近圆心处的原子泊松比最大。菱形拉花结构的横截面随着拉伸应变的逐渐增大，从圆形逐渐变成三角形和六边形相互杂合的形态，并最终变成六边形。在拉伸应变为 0.026 时，椭圆形拉花结构的横截面不再是圆形，而是一种局部带有"8"的特殊三角形图案，在断裂发生之前，椭圆形拉花结构的横截面又变成了完美的三角形。有趣的是，三种碳纳米管拉花结构的局部负泊松比往往出现在几何

变形阶段的早期，结构外侧原子的负泊松比现象也说明了不同碳纳米管拉花结构具有不同的泊松比的原因。例如，在发生断裂之前，矩形拉花结构、菱形拉花结构和椭圆形拉花结构三种结构的最外侧原子的泊松比大约为 0.45，0.30 和 0.27。出现这种现象的主要原因是各种碳纳米管拉花结构中纳米带的变形形态在轴向应变的作用下截然不同。

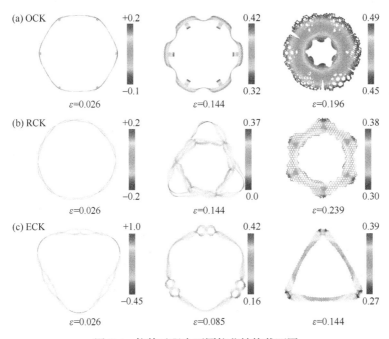

图 5-4　拉伸过程中不同拉花结构截面图

2. 碳纳米管拉花结构的拉伸回弹行为

为探究碳纳米管拉花结构的可回复性，本研究采用分子动力学方法对其进行了循环加载模拟，对碳纳米管拉花结构共进行了 15 次循环加载，并且在前 14 次加载碳纳米管拉花结构并未发生变化，直到第 15 次加载时碳纳米管拉花结构完全被拉断，其对应的应力-应变曲线如图 5-5(a)所示。从图 5-5(a)中可以看出，前 14 次往复加载/卸载过程的应力应变曲线完全重叠，这表明在循环拉伸过程中碳纳米管拉花结构不存在能量耗散，并且结构自身的稳定性极好。前 14 次的往复加载的拉伸应变为 225%，说明碳纳米管拉花结构在应变 225%之前都为可逆的，并且当拉伸应变大于 225%时，纳米带会逐渐靠近，由于纳米带边缘处的碳原子为不饱和状态，因而当纳米带靠近时，纳米带边缘处的不饱和碳原子之间可能形成新的共价键，如图 5-5(b)所示，当这种现象发生时，碳纳米管拉花结构不再具有回复性。值得一提的是，在其他工作中也曾发现过这种有缺陷的碳纳米管在原子水平上的自愈现象[312]。

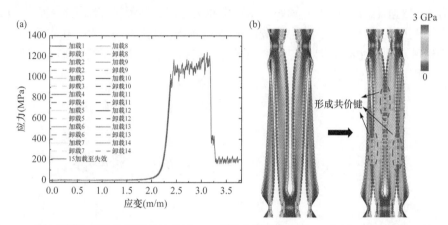

图 5-5　碳纳米管拉花结构可回复性分析：(a)碳纳米管拉花结构 14 次循环加载/卸载，第 15 次拉断过程中应力-应变曲线($\theta = 15°$, $b = 141.37$ Å, $L = 6$ Å)；(b)碳纳米管拉花结构示意图($\theta = 60°$, $b = 106.03$ Å, $L = 16$ Å)，其中纳米带间形成新的碳-碳共价键

3. 结构参数对力学参数的影响规律

在探究了碳纳米管拉花结构的变形特征之后，还考察了具有不同几何参数的碳纳米管拉花结构的力学性能。三种碳纳米管拉花结构的断裂应变和断裂强度与几何参数 b 之间的关系如图 5-6 所示，其中$\theta = 15°$。需要指出的是，图中缺失的一些数据是由于对应几何参数的碳纳米管拉花结构无法构造。

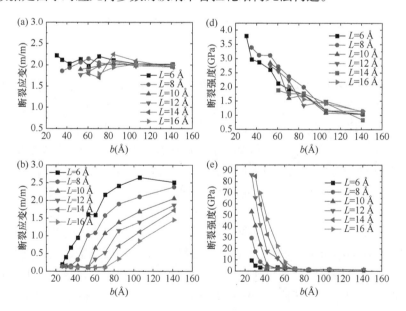

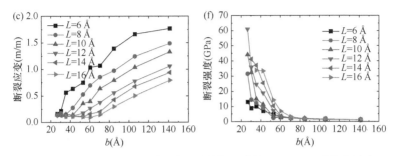

图 5-6　参数 b 对具有不同 L 的碳纳米管拉花结构((a), (d)矩形拉花结构；
(b), (e)菱形拉花结构；(c), (f)椭圆形拉花结构)的断裂应变和强度的影响

图 5-6(a), (d)所示分别为在 $\theta = 15°$ 的情况下，改变单元体宽度 b 对具有不同的纳米带宽度的矩形拉花结构的断裂强度和断裂应力的影响曲线图。通过分析曲线图可以看出，矩形拉花结构的断裂应变随着 b 的改变稳定在 200%左右，这表明当角度 θ 恒定时，结构参数 b 对矩形拉花结构延展性的影响可以忽略不计。矩形拉花结构如此高的断裂应变的主要原因是，在矩形拉花结构的几何变形阶段中因为相邻的矩形孔洞之间有相互重叠的现象而变长。另外，改变纳米带宽度对矩形拉花结构的断裂应变的影响同样很小，这表明矩形拉花结构的断裂应变对纳米带宽度 L 的变化不敏感。然而，矩形拉花结构的断裂强度与几何参数 b 的变化高度相关，当几何参数 b 值越小时，矩形拉花结构的断裂强度越高。例如，当几何参数 b 值从 3 nm 增加到 14 nm 时，矩形拉花结构的断裂强度降低约 75%。其主要原因是几何参数 b 值越低，表示在指定半径的碳纳米管上的孔洞数越多，这说明矩形拉花结构在承受轴向载荷时所能够承受载荷的纳米带数量越多。然而当改变纳米带宽度时，具有相同几何参数 b 值的矩形拉花结构的断裂强度十分相近，主要原因是，在拉伸过程中，矩形拉花结构的矩形孔洞的边角处应力高度集中导致矩形拉花结构过早发生破坏。

从图 5-6(b), (c), (e), (f)中可以看出，菱形拉花结构和椭圆形拉花结构两种结构在 $\theta = 15°$ 时的断裂应变和断裂强度与几何参数 b 的关系几乎一致。当纳米带宽度 L 较大时，$\lambda_{CNT\text{-}K} > 0$，这说明碳纳米管拉花结构在相邻的纳米带之间没有孔洞重叠现象发生，碳纳米管拉花结构的变形机制以纳米带的拉伸为主，碳纳米管拉花结构的变形过程中几乎没有几何变形阶段。当 $\lambda_{CNT\text{-}K} < 0$ 时，碳纳米管拉花结构的断裂应变随着几何参数 b 值的增加而显著增加。这是因为当几何参数 b 值增加时，碳纳米管拉花结构具有了更长的几何变形阶段。此外，纳米带宽度 L 越大，菱形拉花结构和椭圆形拉花结构两种结构的延展性越低，其主要原因是在一定的拉伸应变条件下，纳米带宽度 L 较大时，菱形拉花结构和椭圆形拉花结构两种结构的孔边缘处的应力集中现象更加明显，进而会导致其结构更易发生破坏。

对于给定的几何参数 b 值，菱形拉花结构的延展性要高于椭圆形拉花结构，这是因为椭圆形拉花结构的孔洞边缘应力集中现象要高于菱形拉花结构。对于断裂强度，当$\lambda_{CNT-K} > 0$ 时，菱形拉花结构和椭圆形拉花结构两种结构的断裂强度会随着几何参数 b 值的增加而大幅下降。并且结构的断裂强度与纳米带的宽度 L 也有关，菱形拉花结构和椭圆形拉花结构纳米带宽度 L 越高，其结构的断裂强度也越高。然而，当$\lambda_{CNT-K} < 0$ 时，菱形拉花结构和椭圆形拉花结构的断裂强度不再与纳米带宽度 L 有关。总体来说，当三种几何参数相同时，菱形拉花结构和椭圆形拉花结构的断裂强度要远远高于矩形拉花结构的断裂强度。

随后讨论当几何参数 $b = 141.4$ Å 时，即碳纳米管一周只有三个周期性单元时，几何参数 θ 和 L 的不同对碳纳米管拉花结构的力学性能的影响。图 5-7(a)，(d) 所示分别为矩形拉花结构的断裂强度和断裂应变在不同纳米带宽度 L 条件下，与几何参数 θ 之间的关系。从图 5-7(a)可以看出，矩形拉花结构的断裂应变会随着几何参数 θ 的逐渐增加而减小，而纳米带的宽度 L 对矩形拉花结构的断裂应变的影响很小。例如，当几何参数 θ 从 15°增加至 75°时，矩形拉花结构的断裂应变下降 90%，这是因为较小的几何参数 θ 会导致矩形拉花结构有很大的几何变形。如图 5-7(d)所示，矩形拉花结构的断裂强度在 0.8~1.2 GPa 之间，并且断裂强度和几何参数 θ，L 的关联性不大。

菱形拉花结构与椭圆形拉花结构的断裂应变与几何参数 θ 之间的关系和矩形拉花结构的断裂应变与几何参数 θ 之间的关系类似，但是纳米带宽度 L 与菱形拉花结构和椭圆形拉花结构的断裂应变之间的关系和纳米带宽度 L 与矩形拉花结构的断裂应变之间的关系有所不同。对于菱形拉花结构，当$\theta = 15$°时，菱形拉花结构的断裂应变会随着几何参数 L 的增加而逐渐降低，但当$\theta > 15$°时，纳米带宽度 L 对菱形拉花结构的断裂应变的影响可以忽略不计。另外，纳米带的宽度 L 对椭圆形拉花结构的断裂应变的影响会随着几何参数 θ 的增大而逐渐减小。当几何参数 θ 较大时，碳纳米管拉花结构中的纳米带沿着拉伸方向的扭转和翻转受限，从而导致断裂应变较小。从图 5-7(e)中可以看出，菱形拉花结构的断裂强度范围约为 1.0~4.8 GPa 之间，并且菱形拉花结构的断裂强度主要与几何参数 θ 相关。几何参数 θ 越大，菱形拉花结构的断裂强度也越大。然而，椭圆形拉花结构的断裂强度仅在 0.9~1.4 GPa 的范围内，与矩形拉花结构的断裂强度相当。并且椭圆形拉花结构的断裂强度会随着几何参数 θ 的增加有小幅度上升。与断裂应变不同，纳米带的宽度 L 对菱形拉花结构和椭圆形拉花结构的断裂强度没有明显的影响。综上所述，在几何参数 b 固定的情况下，菱形拉花结构的力学性能的可调控范围要比矩形拉花结构和椭圆形拉花结构的力学性能的可调控范围大。

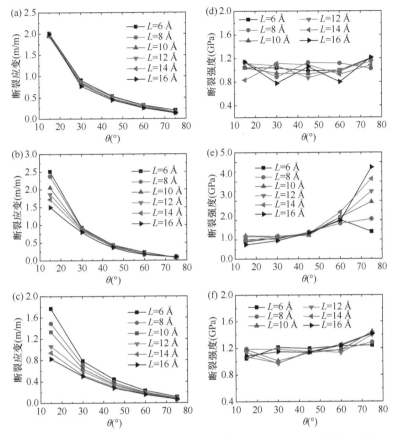

图 5-7 θ 对具有不同 L($L = 6$ Å, 8 Å, 10 Å, 12 Å, 14 Å, 16 Å)的碳纳米管拉花结构((a), (d)矩形拉花结构；(b), (e)菱形拉花结构；(c), (f)椭圆形拉花结构)的断裂应变和强度的影响

当纳米带宽度 L 为 8 Å 时，探究了几何参数 b 和 θ 对碳纳米管拉花结构的力学性能影响。图 5-8 为碳纳米管拉花结构的断裂应变和断裂强度在不同几何参数 θ 值情况下与几何参数 b 值之间的关系。从图 5-8(a)中可以看出，几何参数 b 值对矩形拉花结构的断裂应变影响很小，而矩形拉花结构断裂应变的提升可以通过降低几何参数 θ 值来实现。同样地，孔洞的重叠现象($\lambda_{CNT-K} < 0$)是断裂应变保持不变的主要原因。对于给定的 b 值和轴向长度的碳纳米管拉花结构，几何参数 θ 值更小的矩形拉花结构在轴向上具有更多的纳米带能够沿着轴向翻转和转动，进而导致矩形拉花结构拥有更大的几何变形阶段。如图 5-8(d)所示，矩形拉花结构的断裂强度随着几何参数 b 值的增加而降低。这是因为碳纳米管结构周向的单元数会随着几何参数 b 值的增加而降低，进而能够承载的纳米带的数量会随着几何参数 b 值的增加而降低，并最终导致断裂应变整体降低。在 b 值一定以及纳米带的数量相同的条件下，几何参数 θ 的变化对矩形拉花结构的断裂强度的影响很小。

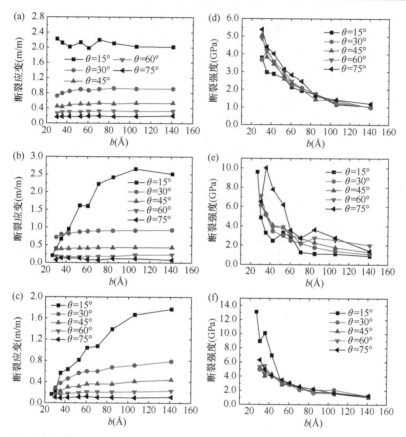

图 5-8 b 对具有不同 θ(θ = 15°, 30°, 45°, 60°, 75°)的碳纳米管拉花结构((a), (d)矩形拉花结构；(b), (e)菱形拉花结构；(c), (f)椭圆形拉花结构)的断裂应变和强度的影响

在 30° ＜ θ ＜ 75°的范围内，菱形拉花结构的断裂应变与矩形拉花结构的断裂应变十分相似，如图 5-8(b)所示。当 θ = 15°时，菱形拉花结构的断裂应变随着 b 值的增加而逐渐增加。主要原因是在菱形拉花结构的拉伸过程当中，当 θ 较大时其纳米带的反转和扭转十分受限。当 θ = 15°时，纳米带的反转和扭转变形随着 b 的增大而变得更加自由，几何变形阶段的范围因此变得更大。从图 5-8(c)中可以看出，对于椭圆形拉花结构来说，当 θ 处在 15°～45°的范围内时，椭圆形拉花结构的断裂应变会随着 b 值的增加而增加，然而当 θ 在 60°～75°范围内时，b 值对椭圆形拉花结构断裂应变的影响可以忽略不计。从图 5-8(e), (f)中可以看出，菱形拉花结构和椭圆形拉花结构的断裂强度随着 b 值的增加而逐渐减小，菱形拉花结构和椭圆形拉花结构的断裂强度分别在 1.0～10 GPa 和 1.0～13 GPa 范围内，相比于矩形拉花结构的断裂强度，菱形拉花结构和椭圆形拉花结构的断裂强度具有更广泛的可调控范围。综上所述，当纳米带宽度 L 的值

固定时，碳纳米管拉花结构的断裂应变和断裂强度同样可以通过改变 θ 和 b 的值来进行调控。

除了采用控制变量法来讨论不同参数对碳纳米管拉花结构的力学性能的影响之外，本研究定义了无量纲参数孔隙率 $\alpha_{CNT\text{-}K}$ 来表征碳纳米管拉花结构的几何参数对其屈服应变和屈服应力等力学性能的影响，其中 $\alpha_{CNT\text{-}K}$ 表示碳纳米管拉花结构的表面积与无孔洞碳纳米管表面积的比值。矩形拉花结构、菱形拉花结构和椭圆形拉花结构三种结构的 $\alpha_{CNT\text{-}K}$ 可通过下列式子计算得到：

$$\alpha_{OCK} = \frac{4bL(1+\tan\theta) - 6L^2}{8b^2\tan\theta - 4bL(1+\tan\theta) + 2L^2} \tag{5-5}$$

$$\alpha_{RCK} = \frac{4ab\cos\theta\sin\theta}{8ab\sin\theta\cos\theta} - \frac{2aL\cos\theta - 2bL\sin\theta}{8ab\sin\theta\cos\theta} + \frac{L^2 + 2b^2\sin^2\theta - 4bL\sin\theta + 2L^2}{8ab\sin\theta\cos\theta} \tag{5-6}$$

$$\alpha_{ECK} = \frac{\left(\frac{2ab+aL}{2a+L}\right)\sqrt{4aL+L^2} + \left(\frac{2ab+bL}{2b+L}\right)\sqrt{4bL+L^2}}{4ab}$$

$$+ \frac{\frac{(2a+L)(2b+L)}{2}\left(\arccos\left(\frac{1}{2b+L}\sqrt{4bL+L^2}\right) - \arccos\left(\frac{2a}{2a+L}\right)\right)}{4ab}$$

$$+ \frac{\frac{\pi(2a-L)(2b-L)}{4}}{4ab} \tag{5-7}$$

图 5-9 所示的散点图为不同的 θ 下，矩形拉花结构、菱形拉花结构和椭圆形拉花结构三种结构的断裂应变和断裂强度与参数 $\alpha_{CNT\text{-}K}$ 之间的相互关系。从图 5-9(a)中可以看出，矩形拉花结构的断裂应变随着 $\alpha_{CNT\text{-}K}$ 的增加而小幅度下降，当 $\alpha_{CNT\text{-}K}$ 固定在某一个值时，矩形拉花结构的断裂应变随着 θ 的增加而下降，这表明矩形拉花结构的断裂应变与结构的形状参数高度相关，而与结构的孔隙率关联性较弱。对于菱形拉花结构和椭圆形拉花结构这两种结构，当 θ 降低时，$\alpha_{CNT\text{-}K}$ 值的增加对它们断裂模量的影响更加显著，然而，当菱形拉花结构和椭圆形拉花结构的 $\alpha_{CNT\text{-}K}$ 分别超过 80%和 60%时，它们的断裂应变几乎不再发生变化。这是因为当 $\alpha_{CNT\text{-}K}$ 超过临界值时，菱形拉花结构和椭圆形拉花结构的 $\alpha_{CNT\text{-}K}$ 值大于零，菱形拉花结构和椭圆形拉花结构的孔洞之间不再发生重叠。并且椭圆形拉花结构的断裂应变与 $\alpha_{CNT\text{-}K}$ 呈非线性关系。图 5-9(d)~(f)所示为矩形拉花结构、菱形拉花结构和椭圆形拉花结构三种结构的断裂强度与 $\alpha_{CNT\text{-}K}$ 之间的关系。从图中可以看出，碳纳米管拉花结构的断裂强度和 $\alpha_{CNT\text{-}K}$ 之间的关系与断裂应变和 $\alpha_{CNT\text{-}K}$ 之

间的关系呈相反趋势，碳纳米管拉花结构的断裂强度会随着 α_{CNT-K} 的增加而逐渐上升。这也很好地解释了为什么具有更小孔洞或更少缺陷的碳纳米管拉花结构具有更大的韧性。当 α_{CNT-K} 较小时，θ 值越大的碳纳米管拉花结构的断裂强度越高，并且当 α_{CNT-K} 逐渐增大到一定值时，碳纳米管拉花结构的 λ_{CNT-K} 会大于零，菱形拉花结构和椭圆形拉花结构的应力集中现象不再严重，纳米带可承受更高的载荷，最终使得碳纳米管拉花结构具有很高的断裂强度。研究结果表明，在单轴拉伸载荷的作用下，菱形拉花结构和椭圆形拉花结构的抗破坏能力要优于矩形拉花结构的抗破坏能力。总的来说，图 5-9 展示了碳纳米管拉花结构的断裂强度和延展性与碳纳米管拉花结构的孔隙率之间的关系，其中，相比于矩形拉花结构和椭圆形拉花结构两种裁剪方式，菱形拉花结构在断裂强度和延展性两方面具有更大的可调控空间。

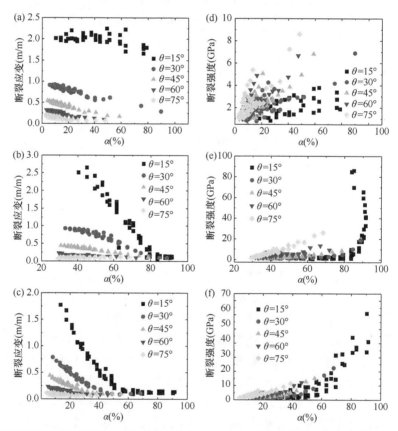

图 5-9　孔隙率对不同 θ 下的碳纳米管拉花结构((a)，(d)矩形拉花结构；(b)，(e)菱形拉花结构；
(c)，(f)椭圆形拉花结构)的断裂应变和强度的影响

除断裂应变和断裂强度，本研究还统计了不同裁剪方式下碳纳米管拉花结构

的杨氏模量。图 5-10 为碳纳米管拉花结构在不同的 θ 和 $\alpha_{\text{CNT-K}}$ 情况下的杨氏模量变化趋势图，其中杨氏模量是通过线性拟合应力-应变曲线获得的。从图中可以看出，当碳纳米管拉花结构的杨氏模量在 0.4~756 GPa 之间时，其杨氏模量与结构的几何参数 $\alpha_{\text{CNT-K}}$ 和 θ 高度相关。本研究中碳纳米管拉花结构的杨氏模量大部分都小于 10 GPa，这是因为碳纳米管拉花结构在几何变形阶段的轴向应力很低。碳纳米管拉花结构最大的杨氏模量高达 756 GPa，与完美的碳纳米管的杨氏模量(本研究计算结果为 812 GPa)十分接近。与其他的力学性能相似，碳纳米管拉花结构的杨氏模量与 $\alpha_{\text{CNT-K}}$ 也具有很强的关联性。碳纳米管拉花结构的杨氏模量随着 $\alpha_{\text{CNT-K}}$ 的增加而增加。当 $\alpha_{\text{CNT-K}}$ 固定时，θ 更大的碳纳米管拉花结构的杨氏模量更大。矩形拉花结构、菱形拉花结构和椭圆形拉花结构三种结构的杨氏模量的大小关系为：菱形拉花结构 > 椭圆形拉花结构 > 矩形拉花结构，其中菱形拉花结构的杨氏模量具有更高的可调控性。

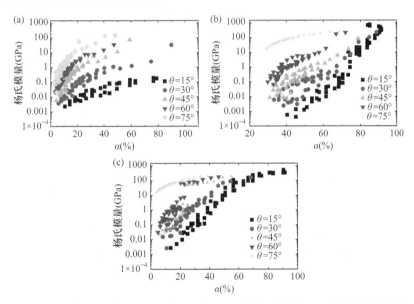

图 5-10　孔隙率对不同 θ 下的碳纳米管拉花结构((a)矩形拉花结构；(b)菱形拉花结构；(c)椭圆形拉花结构)的杨氏模量的影响

5.3　碳纳米管/石墨烯纳米带混杂体

5.3.1　碳纳米管/石墨烯纳米带混杂体及其复合材料的制备

为了将碳纳米管打开获得碳纳米管/石墨烯纳米带混杂结构，首先将三种不同质量的高锰酸钾(0.3 g、0.4 g 和 0.5 g)分别浸入到 10 mL 浓度为 98% 的 H_2SO_4 中超声分散 1 h；然后分别向三种 KMnO$_4$/H$_2$SO$_4$ 溶液中添加碳纳米管 0.3 g 并在室温下超声分散 3 h；紧接着在 60 ℃下加热 3 h 以获得充分氧化的碳纳米管；最后，使用真空过滤的方式反复清洗直至滤液的 pH 值达到 7，将产物在 70 ℃下干燥数小时即可。值得注意的是，此处使用的氧化方法与之前制备石墨烯纳米带气凝胶的工作相同[92]。该文献中的 XPS 结果表明，氧化后的碳纳米管/石墨烯纳米带混杂体的边缘处主要含有羧基、羟基和环氧基。详细的制备方法也可以参考之前的工作[92]。

在制备碳纳米管/石墨烯纳米带混杂体增强复合材料时，选择环氧树脂作为基体，选择十二烯基丁二酸酐(DDSA)、N-甲基苯胺(NMA)和 2，4，6-三(二甲基氨基甲基)苯酚(DMP-30)的混合物作为环氧树脂固化剂(比例为 20：16：12：0.7)，将环氧树脂与固化剂混合并充分搅拌 30 min，然后抽真空 5 min 将空气排出得到混合均匀且流动性较好的环氧树脂基体。随后将碳纳米管以 1：100 的质量比添加到环氧树脂基体中超声分散 8 h，紧接着将获得的纳米复合材料溶液填充至骨棒状模具中抽真空除去气泡，模具的有效测试长度、宽度和厚度分别为 10 mm、2 mm和 1 mm。最后，在 60 ℃下固化 24 h 得到纳米复合材料样品。

本研究使用氧化化学方法制备的碳纳米管/石墨烯纳米带混杂体结构如图 5-11(a)，(b)所示，其中使用 KMnO$_4$ 和 H$_2$SO$_4$ 的混合物来裁开碳纳米管[119]。这种方法通常用于将碳纳米管完全裁开形成石墨烯片层结构[313-316]。然而，本研究关注的重点是在不破坏剩余部分的情况下实现单个碳纳米管的部分裁开，从而获得类似螺钉的碳纳米管/石墨烯纳米带混杂形态结构。本研究使用的多壁碳纳米管

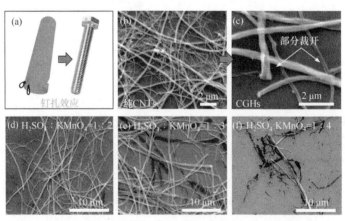

图 5-11　(a)如剪刀裁开似的碳纳米管裁开示意图；(b)纯碳纳米管扫描电镜图；(c)碳纳米管/石墨烯纳米带混杂体放大 SEM 图，其中 KMnO$_4$ 和 H$_2$SO$_4$ 比例为 1：3；(d)～(f)用三种不同比例的 KMnO$_4$/H$_2$SO$_4$ 溶液处理后的碳纳米管的 SEM 图

直径为 50～400 nm，购买于 NanoTechLabs。研究发现 $KMnO_4$ 和 H_2SO_4 的比例 η 对裁开程度起关键作用，在本材料体系中，分别选取了 η 值为 1：2，1：3 和 1：4。通过测试发现，当 $\eta=1：3$ 时，约 50%的碳纳米管被成功裁开，如图 5-11(c) 所示，此时获得的结构符合本研究的结构设计概念；另外，当 $\eta=1：2$ 时，在 SEM 中观察到褶皱石墨烯纳米带和碳纳米管/石墨烯纳米带混杂结构，说明此时只有少数碳纳米管被裁开；但当 $\eta=1：4$ 时，大多数碳纳米管被腐蚀成碳粉，如图 5-11(d)～(f)所示。此外，制备过程中可能会将一些羟基和羧基连接到碳纳米管的边缘。为了消除上述活性基团的影响，只考虑结构的几何形态对力学增强的作用，将碳纳米管/石墨烯纳米带混杂体在 60℃的氢碘酸中还原 6 h，通过此过程，边缘碳原子接枝的活性基团大部分被还原进而形成碳-碳共价键[317, 318]。因此，本工作可以忽略由活性基团产生的氢键和互锁效应。

5.3.2　碳纳米管/石墨烯纳米带混杂体增强复合材料的力学性质

图 5-12(a)，(b)所示为典型骨棒状样品和拉伸测试用微拉伸机，图 5-12(c)对比了碳纳米管增强复合材料和碳纳米管/石墨烯纳米带混杂体增强复合材料的典型拉伸应力-应变曲线。材料的拉伸应力 σ 可以通过 $\sigma=F/S$ 来计算，其中 S 为样品的有效截面积；材料的拉伸应变 ε 可以通过 $\varepsilon=\delta/l_0$ 来计算，其中 l_0 是样品的有效长度，可以看出二者在线弹性、屈服和断裂阶段均表现出相同的拉伸力学行为。进一步地，从 σ-ε 曲线中获得碳纳米管/石墨烯纳米带混杂体增强复合材料的断裂强度 σ_f、杨氏模量 E 和断裂能 W_f 分别为 153 MPa ± 24 MPa、3.4 GPa ± 0.5 GPa 和 7.8×10^6 J/m^3 ± 0.9×10^6 J/m^3，与碳纳米管增强复合材料相比分别增加了约 155%、89%和 117%[图 5-12(d)]。为了进一步探究碳纳米管/石墨烯纳米带混杂体增强复合材料的失效机理，观察拉伸试样的断口形貌。如图 5-12(e)，(f)所示，发现两种典型的失效形式，即碳纳米管/石墨烯纳米带混杂体的拔出和断裂，随着拉伸应力 σ 逐渐增大直至达到临界值，基体逐渐被拉长并产生裂纹，此时，裂纹处由碳纳米管/石墨烯纳米带混杂体桥连，随着 σ 的进一步增大，桥接作用逐渐失效。当包裹在基体中的碳纳米管/石墨烯纳米带混杂体的界面结合力 F_i 小于碳纳米管/石墨烯纳米带混杂体的固有断裂力 F_b 时，碳纳米管/石墨烯纳米带混杂体结构将被从基体中拔出；若 F_i 大于 F_b，碳纳米管/石墨烯纳米带混杂体将被拉断。一些理论工作表明，由于应力集中的影响，碳纳米管/石墨烯混杂体的结点处的区域相对较弱[319, 320]。此外，基体裂纹的扩展可能导致碳纳米管/石墨烯纳米带混杂体在不同部位发生破坏，分别为石墨烯纳米带处、碳纳米管/石墨烯纳米带接枝处或碳纳米管处[图 5-12(g)]。

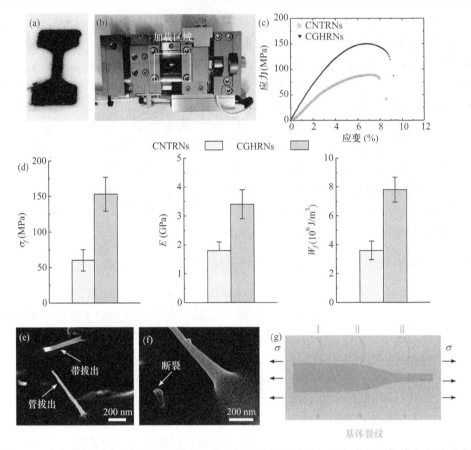

图 5-12 (a)骨棒状复合材料拉伸试样；(b)拉伸测试用微拉伸机；(c)复合材料拉伸应力-应变曲线；(d)复合材料的断裂强度、杨氏模量和断裂能；(e)，(f)碳纳米管/石墨烯纳米带混杂体增强复合材料断裂面 SEM 图；(g)基体裂纹可能发生的断裂路径示意图

此外,本研究采用 Halpin-Tsai 模型来预测碳纳米管/石墨烯纳米带混杂体增强复合材料的杨氏模量，如下所示：

$$E = \frac{3}{8}E_T + \frac{5}{8}E_L \tag{5-8}$$

$$\begin{cases} E_T = \dfrac{1 + \zeta_T \eta_T c_f}{1 - \eta_T c_f} \\[3mm] \eta_T = \dfrac{\dfrac{E_f}{E_m} - 1}{\dfrac{E_f}{E_m} + \zeta_T} \end{cases} \tag{5-9}$$

$$\begin{cases} E_L = \dfrac{1 + \zeta_L \eta_L c_f}{1 - \eta_L c_f} \\[3mm] \eta_L = \dfrac{\dfrac{E_f}{E_m} - 1}{\dfrac{E_f}{E_m} + \zeta_L} \end{cases} \tag{5-10}$$

式中，E_T 和 E_L 分别为单向纤维增强复合材料的轴向和横向杨氏模量；c_f 为复合材料中纤维的体积含量；E_f 和 E_m 为纤维和基体的杨氏模量，分别为 186.5 GPa 和 0.71 GPa。需要注意的是，参数 ζ_T 和 ζ_L 与碳纳米管/石墨烯纳米带混杂体的几何形态高度相关。但是由于碳纳米管/石墨烯纳米带混杂体的结构十分不规则，很难精确确定这两个几何参数。然而，根据式(5-8)、式(5-9)和式(5-10)，具有不同 ζ_T 和 ζ_L 的碳纳米管/石墨烯纳米带混杂体增强复合材料的杨氏模量可以表示为如图 5-13 所示。在本研究中，碳纳米管/石墨烯纳米带混杂体增强复合材料的实验杨氏模量为 3.4 GPa。从图中等值线可以看出，该值在理论预测范围内。

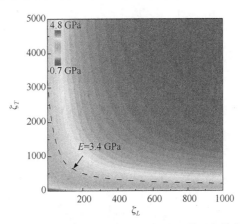

图 5-13　不同参数 ζ_T 和 ζ_L 的碳纳米管/石墨烯纳米带混杂体的预测杨氏模量

5.3.3　碳纳米管/石墨烯纳米带混杂体从基体中拔出分子动力学模拟

本研究采用 LAMMPS 分子动力学模拟软件实现碳纳米管/石墨烯纳米带混杂体从聚合物基体中的拔出模拟[321]，采用 COMPASS 力场来描述原子间的相互作用，大量工作已经证实该力场可以精确预测由碳、氢、氧和氮元素组成的复杂聚合物系统的力学行为[322-324]。该力场的总势能包括氢键结合能和非氢键结合能，这两种能量的详细表达式可以在相关文献中找到[324]。

碳纳米管/石墨烯纳米带混杂体增强复合材料的拉伸测试虽然可以表征力学的增强效果，但很难深入理解和揭示其内在增强机制。众所周知，单纤维拔出测试是评估复合材料界面力学特性的有效方法[262, 325-330]。因此，进行单个碳纳米管/石墨烯纳米带混杂体从基体中拔出的分子动力学模拟，试图从分子尺度上揭示这类复合材料的力学增强机理。本研究基于(6, 6)单壁碳纳米管构建了碳纳米管/石墨烯纳米带混杂体的分子模型。碳纳米管的直径和长度分别设为 8.14 Å 和 124 Å。为了获得碳纳米管/石墨烯纳米带混杂体，需要沿碳纳米管轴向断开部分碳-碳键，如图 5-14(a)所示。值得注意的是，对混杂结构边缘的不饱和碳原子均进行加氢处理以消除不合理原子间成键情况。此外，定义了石墨烯纳米带长度 L 和 CNT 长

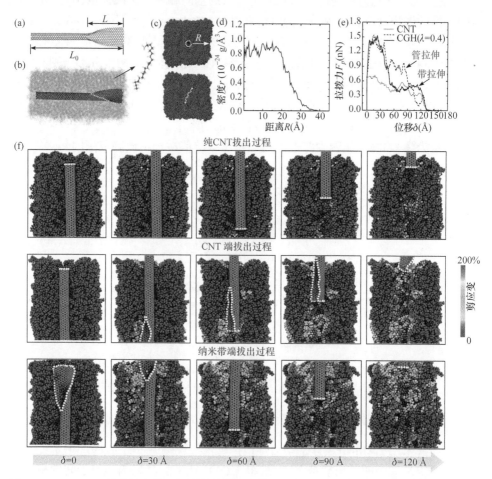

图 5-14　(a)$\lambda = 0.4$ 的碳纳米管/石墨烯纳米带混杂体分子模型；(b)，(c)优化后的碳纳米管/石墨烯纳米带混杂体增强复合材料单元；(d)基体密度沿横截面方向的典型分布曲线；(e)碳纳米管和碳纳米管/石墨烯纳米带混杂体的拉拔力-位移曲线；(f)不同拔出位移下的碳纳米管和碳纳米管/石墨烯纳米带混杂体结构示意图

度 L_0 的比率 λ 来描述碳纳米管/石墨烯纳米带混杂体的结构特征[图 5-14(a)]。当 $\lambda = 0$ 时，碳纳米管/石墨烯纳米带混杂体对应纯碳纳米管；当 $\lambda = 1$ 时，碳纳米管被彻底切割成石墨烯带。在恒温恒容(NVT)系综中对结构进行充分的优化和松弛，在此阶段，石墨烯纳米带逐渐变平直至达到对应于最小势能点的稳定结构状态。

迄今为止，很难在分子水平上准确模拟环氧树脂基体的复杂固化过程。本理论研究只关注碳纳米管/石墨烯纳米带混杂体对界面增强的作用，因此基体结构的影响是次要的。基于这一考虑，本研究选择双酚 A 二缩水甘油醚(DGEBA)作为环氧树脂基体，间苯二胺(m-PDA)作为固化剂。相关工作表明，固化环氧体系的力学性能主要取决于其固化程度和密度[331, 332]。因此，在本研究中，仅仅使用了简单的 DGEBA 和 m-PDA 固化原理，即假设一个环氧基只与一个酰胺基反应来获得固化的环氧树脂体系。基体盒子的尺寸设定为 77 Å × 77 Å × 124 Å，结构密度为 1.0 g/cm³，交联环氧树脂的固化度为 90.72%。

为了建立合理的碳纳米管/石墨烯纳米带混杂体增强复合材料结构，首先通过局部删除环氧链的方法在基体中心沿轴向挖一个孔，然后将单个碳纳米管/石墨烯纳米带混杂体嵌入到有孔的环氧基体中[图 5-14(b)]。需要注意的是，孔的直径 D_0 需要略大于碳纳米管/石墨烯纳米带混杂体的直径，才有足够的动态优化空间。一般来说，D_0 在吸引范德华相互作用的范围内(0.34 nm < D_0 < 1.7 nm)[333]。随后，对初始碳纳米管/石墨烯纳米带混杂体增强复合材料单元进行以下几个优化步骤。

(1) 在 NVT 系综中进行长达 50 ps 的能量优化，以消除人工操作引起的不合理结构，随后，系统在恒温恒压(NPT)系综内进行额外 50 ps 的优化。这一步的目的是消除残余应力，生成密度分布均匀的初始基体结构。

(2) 进行退火处理，在 NPT 系综下(500 K, 10 atm)，模型弛豫 50 ps，随后体系温度从 500 K 逐渐下降到 300 K，动态周期为 50 ps，通过这一步骤，可以获得更合理的环氧基体分子构型。

(3) 在 NVT 系综下，将碳纳米管/石墨烯纳米带混杂体增强复合材料弛豫平衡 50 ps，使其达到零初始应力状态，进而充分降低碳纳米管/石墨烯纳米带混杂体增强复合材料细胞的势能，使碳纳米管/石墨烯纳米带混杂体与基质结合达到最强状态。

完成上述优化过程之后，发现环氧链以各种构型紧密附着在碳纳米管/石墨烯纳米带混杂体表面上，并形成稳定的界面结合[图 5-14(c)]，这一过程导致碳纳米管/石墨烯纳米带混杂体周围的基体密度更高[图 5-14(d)]。

为了实现拔出模拟，将碳纳米管/石墨烯纳米带混杂体增强复合材料的最外层刚性固定，分别对碳纳米管/石墨烯纳米带混杂体的管端和带端施加 0.1 Å/ps 的恒定拔出速度。图 5-14(e)所示为典型的拉拔力 F_p-位移 δ 关系，其中 $\lambda = 0.4$。在拔出的初始阶段，随着 δ 小幅增加，F_p 迅速增加到最大值 F_{pmax}，然后逐渐下降到零，即碳纳米管/石墨烯纳米带混杂体被完全拔出。研究发现，碳纳米管/石墨烯纳米带混杂体的最大拔出力 F_{pmax} 和拔出能 E_p(F_p-δ曲线下的面积)远大于纯碳纳米管。为了揭示相关机理，观察了不同拔出位移下的结构[图 5-14(f)]，发现形成的碳纳米管/石墨烯结点对界面增强起着至关重要的作用。在拉伸过程中碳纳米管和石墨烯纳米带连接处附近的径向尺寸会发生变化，进而会引起碳纳米管/石墨烯纳米带混杂体和基体之间的互锁效应。一方面，这种机械互锁可以显著地阻止碳纳米管/石墨烯纳米带混杂体的拔出，从而增加拉拔力；另一方面，它可以导致基体发生明显的剪切变形，从而耗散大量能量，提高界面韧性。但是对于纯碳纳米管结构，由于碳纳米管的圆柱体形态比较规则，互锁效应相对较弱。

基于范德华相互作用，拔出能 E_p 由界面结合能 E_b 和变形能 E_d 组成。图 5-15 分别显示了具有不同λ值的 E_p、E_b 和 E_d 的值。当λ = 0.2 时，碳纳米管/石墨烯纳米带混杂体的 E_b 与纯碳纳米管的几乎相同，但是 E_d 值大幅提升，其主要原因是当裁开长度比较小时，石墨烯纳米带无法完全打开，聚合物链难以嵌入碳纳米管与石墨烯结点间隙，此时界面结合能没有明显变化。然而当碳纳米管被裁开并形成纳米带结构时，其机械互锁效应可以使变形能显著提升。当λ增加到 0.4 时，石墨烯纳米带完全展开[图 5-14(a)]，由此造成碳纳米管/石墨烯纳米带混杂体和基质之间的有效结合面积增大，从而使 E_b 增强。有趣的是，本研究发现拔出碳纳米管端的变形能低于拔出石墨烯纳米带端的变形能，其主要原因是当从碳纳米管端拔出时，石墨烯纳米带较容易发生弯曲变形，从而削弱互锁效果。在这种情况下，范德华力主导界面相互作用。然而，当从石墨烯纳米带末端拔出时，碳纳米管与石墨烯结点处的变形很小，因此，它会导致环氧树脂基体产生更大的剪切变形，从而消耗更多的能量。

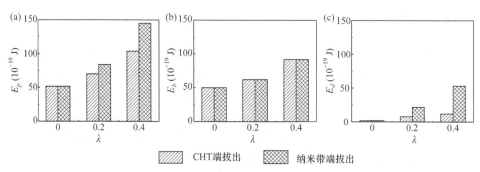

图 5-15　不同λ值的碳纳米管/石墨烯纳米带混杂体增强复合材料沿管端和带端的拔出能 E_p、界面结合能 E_b 和变形能 E_d

如图 5-16(a)中定义，手性可以用来描述碳六环的旋转程度，以(6，6)、(7，5)和(8，4)单壁碳纳米管为例研究了碳纳米管手性对界面增强的影响。三种手性对

应的旋转角 θ 分别为 0°、5.5°和 10.9°[图 5-16(b)]。对于(7，5)和(8，4)碳纳米管，发现当它们沿手性方向裁开时，在动态优化过程中呈螺旋状，这导致石墨烯纳米带发生明显偏转[图 5-16(c)]。图 5-16(d)所示为三种手性碳纳米管/石墨烯纳米带混杂体从碳纳米管端拔出过程的 E_p、E_b 和 E_d。研究发现，增加螺旋角 θ 可以显著提高系统的拔出能 E_p。主要原因为石墨烯纳米带的偏转可以增强互锁效果，从而增加 E_d，但是由于石墨烯纳米带的面积没有变化，手性对 E_p 的贡献很小。

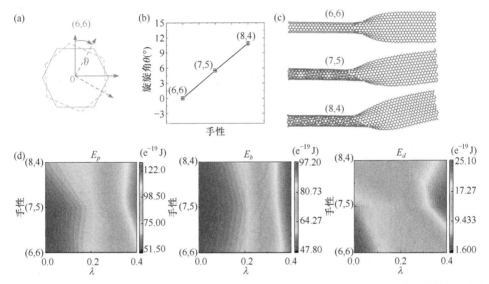

图 5-16　(a)定义旋转角度 θ 示意图；(b)旋转角度 θ 与手性的关系；(c)不同手性碳纳米管/石墨烯纳米带混杂体的结构示意图；(d)不同手性和 λ 参数下 E_p，E_b 和 E_d 云图

第6章　氧化石墨烯基薄膜/空心球混杂体

6.1　引　　言

由氧化石墨烯"柔性"二维结构单元组装而成的氧化石墨烯基纤维、薄膜以及空心球等具有新颖、有序结构的微纳米材料因具备独特的多功能性质而受到广泛关注。对于其自身及以氧化石墨烯作为结构单元制备的跨尺度材料的力学行为尚缺少相应的表征分析。针对上述亟待解决的关键问题，本章首先提出了一种单片多层氧化石墨烯拉伸力学性质的测试方法，并采用分子动力学模拟方法考察了其拉伸断裂失效机制。在此基础上，提出了一种简单的自组装方法来制备一种基于氧化石墨烯的纸/中空微球杂化体。通过扫描电子显微镜下原位压缩、剥离试验揭示氧化石墨烯中空微球破坏机理与界面应力传递、失效机理。此外，中空微球在氧化石墨烯薄膜表面上的均匀分布不仅可以赋予材料更好的表面润湿性，还可以有效地改善这种杂化体与聚合物基体之间的界面应力传递能力。本工作不仅可以对氧化石墨烯基复合材料的前期制备和后续应用中出现的破坏和失效行为提供一定的实验和理论指导，也可以为该类型的材料结构设计与实际应用奠定基础。

6.2　单片多层氧化石墨烯拉伸力学性质

众所周知，氧化石墨烯自身的力学性质对其实际应用有着十分重要的意义。目前，关于石墨烯或氧化石墨烯自身力学性质方面的工作非常有限。因此在本节提出一种行之有效的单片多层氧化石墨烯拉伸力学测试方法，同时结合有限元分析方法拟合出单片多层氧化石墨烯的拉伸力学参数，采用分子动力学模拟方法揭示了其拉伸断裂失效机制。

6.2.1　测试材料准备

为了实现单片多层氧化石墨烯的原位拉伸，设计了一种新颖的跨尺度结构，即将氧化石墨烯片通过化学方法接枝到碳纤维表面上[图 6-1(a)][334,335]，这种跨尺度结构的优点是氧化石墨烯片可以悬空于碳纤维表面，进而为原位拉伸提供可能。这种化学接枝主要为通过聚酰胺-胺型(PAMAM，0代)树枝状大分子实现氧化石墨烯与碳纤维的"桥接"。首先，通过退浆和氧化程序对碳纤维进行功能化处理[336,337]；

然后，在碳纤维表面覆盖一层较薄的 PAMAM 层；最后，通过自组装作用将氧化石墨烯与 PAMAM 接枝到碳纤维上。PAMAM 带有的四个氨基可以与碳纤维表面和氧化石墨烯上的羧基发生反应，从而将氧化石墨烯片层牢固地黏附在碳纤维上。

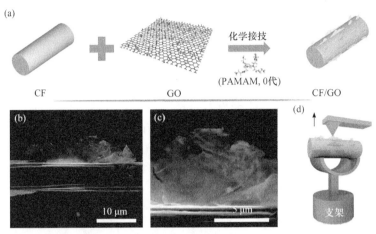

图 6-1　(a)多层氧化石墨烯片接枝到单个碳纤维示意图；(b)，(c)典型的氧化石墨烯/碳纤维跨尺度结构；(d)原子力针尖拉伸单个氧化石墨烯片层示意图

6.2.2　单片多层氧化石墨烯的原位拉伸测试

图 6-1(b)，(c)为典型的氧化石墨烯接枝碳纤维跨尺度结构拓扑形貌，可以看出，一部分氧化石墨烯片层通过自组装作用牢固地附着在碳纤维表面，而另一部分氧化石墨烯片层则由于其自身的弯曲刚度从碳纤维表面支出来。这种拓扑形貌主要包括两方面优势：①悬空的氧化石墨烯片层更容易实现拉伸加载；②微米尺度的碳纤维作为氧化石墨烯片层的载体，便于实验操作。为了实现单轴拉伸加载，在光学显微镜下将含氧化石墨烯的碳纤维切割成长度约为 3 mm 的几段。如图 6-1(d)所示，将切割好的一段取出并固定在定制的金属支架上，这种支架兼容于常用的 SEM 和 TEM。

为了实现氧化石墨烯片的原位拉伸，使用了如下所述的力测量系统(FMS)(Kleindiek Nanotechnik)，该系统由带有传感器的原子力针尖(力的最大量程约为 360 μN，力测量分辨率约为 10 nN)、纳米操纵器(最小移动精度为 0.25 nm)以及力输出系统组成。将切割完成的样品和 FMS 放置于 SEM 腔室中，同时将原子力针尖的梁(长约 120 μm)与碳纤维轴向平行放置，进而实现对氧化石墨烯片层垂直于碳纤维表面方向的加载。在与氧化石墨烯片层接触之前，需在原子力针尖涂抹一层适用于在 SEM 内使用的专用胶水，这种胶水在低强度电子束条件下几乎不会固化，但在强电子束照射下可以迅速聚合。在强电子束作用下，将涂有胶水的原子力针尖黏附到单个氧化石墨烯片层上并持续 20 s，以确保原子力针尖与氧化石墨烯片层之间的牢固黏结。最后，使用纳米机械手将黏结在氧化石墨烯片层上的原子力针尖沿垂直于碳纤维表面且背离表面方向移动，进而实现拉伸加载直到氧化石墨烯片层发生断裂。测量时的室温约为 20℃，且在测试前，已对力测量系统进行校准。需要指出的是，在进行原位拉伸之前，将试样在 200 kV 的场发射电镜(JEOL 2200FS)中采用电子能量损失谱(EELS)中的厚度测绘方式测量氧化石墨烯片层的厚度。

6.2.3 单片多层氧化石墨烯的拉伸断裂机制

本研究测试了标号为#1、#2、#3 的三片氧化石墨烯片层，拉伸断裂前后记录的典型拓扑形貌如图 6-2 所示。在整个拉伸过程中，氧化石墨烯片层首先被拉伸，当拉伸力达到某一临界值时，氧化石墨烯片层在靠近 AFM 尖端的区域发生断裂，而不是在胶黏部分。

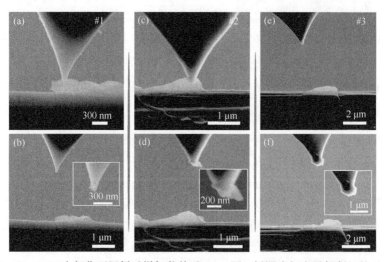

图 6-2　(a)～(f)三个氧化石墨烯试样加载前后 SEM 图，插图为相应局部断口的 TEM 图

如图 6-3(a)所示，定义初始加载位置为 AFM 针尖与氧化石墨烯片层接触线的中点 M，氧化石墨烯片层的有效高度 h_e 为 M 点到氧化石墨烯与碳纤维表面边界的垂直距离，δ 为氧化石墨烯片层在加载方向上的位移。力测量系统可以直接输出拉伸力 F 随时间 s 的变化曲线，利用整个拉伸过程录制的视频截图可以测量不同时间点对应的氧化石墨烯片的变形情况，因此可以拟合出 $F\text{-}\delta$ 关系曲线[图 6-3(b)]。

为了获得氧化石墨烯片层的力学参数，需要得到氧化石墨烯片层的应力σ-应变ε曲线，应力和应变可近似计算如下：$\sigma = F / (w_e \times t_e)$ 和 $\varepsilon = \delta / h_e$。由于氧化石墨烯的起皱特性，很难获得准确的厚度值，因此，使用最小和最大挠度的近似平均值来评估其厚度。有效接触宽度 w_e 通过 SEM 图直接测量，因为超薄氧化石墨烯片层使我们可以直接观察片层背面的黏结区，这样可以直接得到 δ 和 h_e，经过计算的 σ 与 ε 的关系如图 6-3(c)所示。

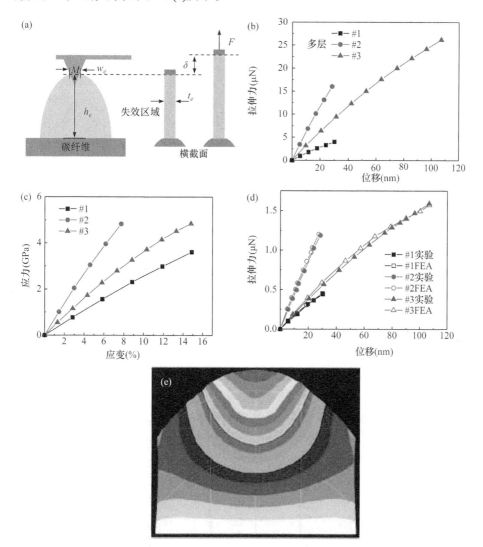

图 6-3　(a)拉伸单个氧化石墨烯片层示意图，其中定义了有效高度 h_e、宽度 w_e、厚度 t_e、拉力 F 和位移 δ；(b)三个试样的拉伸力-位移曲线；(c)拟合出的三个试样的单层应力-应变曲线；(d)三个试样的单层实验和理论拉伸力-位移曲线；(e)#2 号试样的位移轮廓和变形

　　氧化石墨烯的拉伸力学行为如下：

$$\sigma = E\varepsilon + D\varepsilon^2 \tag{6-1}$$

式中，E、D 分别为材料的杨氏模量和三阶模量。根据式(6-1)拟合 σ-ε 曲线，直接得到 E 和 D。表 6-1 为氧化石墨烯片层的实验测试和计算力学参数，包括最大拉力 F_{max}、位移 δ_{max}、断裂应变 ε_f、强度 σ_f。使用 NASTRAN 进行有限元分析，采用 QUAD4 单元对样本进行网格划分。样品固定在底部边缘，并且在原子力针尖接触区域向其施加均匀分布力。输入数据如下：实验计算得到的应力-应变关系，实验中测量的几何形状，以及泊松比 $v = 0.16$[338]。利用求解器 SOL400 进行几何和材料的非线性分析。值得注意的是，由于氧化石墨烯片层的形状并不规则，因此很难通过实验直接观察并获得其泊松比，但通过分子动力学模拟可以获得该参数范围在 0.15~0.20 之间。这说明选取 0.16 进行有限元拟合是合理的。非线性有限元预测的 F-δ 曲线如图 6-3(d)所示，试样#2 的位移轮廓和变形如图 6-3(e)所示。结果表明，有限元计算得到的 F-δ 曲线与实验测试曲线吻合较好。需要注意的是，一方面，通过观察断口发现每个样品的各层均发生了断裂破坏，这说明每一层都受到原子力显微镜针尖的束缚并承受加载作用，因此可假定所有层均固定在加载端。另一方面，由于 SEM 胶水本身的特性，没有观察到 SEM 胶水的流动，且断裂面远离氧化石墨烯片层的边缘，说明胶水对氧化石墨烯的断裂没有影响。

表 6-1   氧化石墨烯片层的实验力学参数[334]

编号	w_e(nm)	h_e(nm)	t_e(nm)	δ_{max}(nm)	F_{max}(nN)	ε_f(%)	σ_f(GPa)	E(GPa)	D(GPa)
#1	170.9	204.5	6.3±1.5	30.4	3.9	14.9	3.8±0.8	33.7±8.1	−53.2±12.8
#2	353.7	371.6	9.4±1.7	28.7	16.1	7.7	5.0±0.9	77.2±13.9	−162.3±29.3
#3	442.4	723.4	12.2±2.2	106.7	25.7	14.7	4.9±0.8	50.8±9.1	−117.0±21.0

表 6-2 总结了单晶石墨烯和氧化石墨烯的力学性能，从表 6-2 可以看出，本研究工作中的杨氏模量、断裂应变和强度均低于其他文献报道的单晶石墨烯和氧化石墨烯[338-340]。氧化石墨烯力学性能的大幅度降低可能是由于引入了氧化基团(环氧基和羟基等)，导致碳-碳共价键从强的 sp^2 杂化转化为弱的 sp^3 杂化。不同的氧化程度会导致 sp^2 和 sp^3 的比例不同，从而影响氧化石墨烯的力学性能。此外，单空位、Stone-Wales 位错、缝隙等结构缺陷也会显著降低氧化石墨烯的力学性能。

表 6-2   单晶石墨烯和氧化石墨烯在不同力学测试技术下的杨氏模量、断裂应变和强度

材料	技术/方法	E(GPa)	ε_f(%)	σ_f(GPa)	参考文献
多层氧化石墨烯	原位拉伸	34~77	8~15	4~15	本工作
单层石墨烯	原子力显微镜中的纳米压痕	1000	25	130	[339]
化学还原石墨烯	AFM 针尖诱导变形实验	250			[340]
单层氧化石墨烯	接触式原子力显微镜成像	207			[338]

值得注意的是,在本实验中使用的多层氧化石墨烯片层的形状是不规则的,力学性能是通过一系列的有效宽度、高度和厚度的定义来获得的。众所周知,这种纳米尺度的测试非常困难,只有三个样品成功测试。尽管物理特性(包括有效宽度、高度和厚度)的变化高达 50%,但所得结果表明氧化石墨烯片层的力学性能处于合理范围。然而,用三组数据来研究氧化石墨烯的力学性能和物理特性之间的关系是困难的。

6.2.4　单片多层氧化石墨烯的拉伸分子动力学模拟

本节进行基于 ReaxFF 力场的氧化石墨烯拉伸分子动力学模拟,以研究单轴拉伸载荷下氧化石墨烯断裂机制。由于目前计算能力的限制,无法建立氧化石墨烯片层的全尺寸分子模型来研究其力学性能。这里采用由面内尺寸为 50 Å × 50 Å 的氧化石墨烯片层组成的单元来研究其力学性能,面外尺寸由层数决定,每一层氧化石墨烯片都由特定数量的随机分布在单晶石墨烯的两个表面上环氧基和羟基组成[341, 342],加载方向沿扶手椅和之字型方向。

用于拉伸测试的氧化石墨烯是通过 Hummers 法制备的[335],测试表明有 10% 的水分子存在于片间,氧化石墨烯层间距离约为 0.7 nm[343]。由于水分子形成的氢键与氧化石墨烯片层的面内刚度和强度相比非常弱,因此在 MD 模拟中忽略了水分子。在 MD 模拟中,没有水分子的情况下,氧化石墨烯层间距离为 0.5~0.78 nm。因此,选择 0.7 nm 作为参考值来计算多层氧化石墨烯片层的拉伸应力,用来比较模拟结果与实验结果。

首先研究氧化程度对氧化石墨烯力学性能的影响,如图 6-4 所示。通过对羟基和环氧基比例为 4∶1 的氧化石墨烯片层沿扶手椅方向和之字型方向的拉伸进行计算,发现随着氧化含量从 10%提升到 60%,杨氏模量单调下降[图 6-4(a)]。在相同的范围内,断裂应变的大小与氧化程度的关系并不大[图 6-4(b)],然而氧化石墨烯在扶手椅方向和之字型方向的断裂应变(12.9%和 11.2%)低于纯石墨烯的断裂应变(扶手椅方向,17%;之字型方向 27%)[341]。这表明少量的氧化(< 10%)会导致结构断裂应变显著下降。当氧化含量从 10%增加到 40%时,结构的断裂强度大幅下降,然后当氧化含量高于 40%时,结构的断裂强度对氧化程度不再敏感。当氧化含量高于 60%时,实验测得的断裂应变(8%~15%)与计算结果(10%~13%)较为吻合,然而,实验测得的杨氏模量(34~77 GPa)和断裂强度(4~5 GPa)远低于模拟计算结果。其主要原因为,在分子动力学模拟中,只考虑了强 sp^2 键向弱 sp^3 键转化对氧化石墨烯力学性能的影响,但实际的氧化过程会破坏原有的碳六环结构,潜在的结构缺陷会导致强度的进一步下降,这是计算得到的杨氏模量和破坏强度均高于实验结果的主要原因。

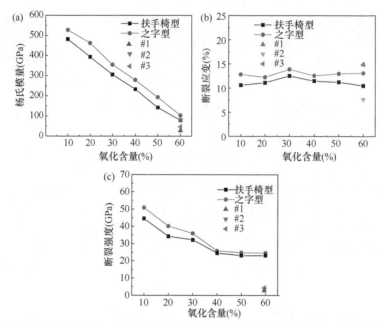

图 6-4　氧化程度为 10%～60% 时氧化石墨烯的实验和计算力学参数：(a)杨氏模量；
(b)断裂应变；(c)断裂强度

　　图 6-5 为羟基和环氧基的比例对单层氧化石墨烯片力学性能的影响，该模型的氧化含量为 10%。随着羟基和环氧基比例的增加，杨氏模量和断裂强度均缓慢下降。然而，断裂应变对羟基和环氧基的比例不敏感。为了理解图 6-5(a)，(c)所示的规律以及氧化石墨烯的破坏过程，研究了具有相同氧化含量(10%)和羟基与环氧基比率(3：1)的单层氧化石墨烯片沿扶手椅方向和之字型方向的拉伸行为(图 6-6)。图 6-6(a)为沿扶手椅和之字型方向两种典型的氧化石墨烯结构，其中化学键根据类型和位置进行分类和标记。在扶手椅方向上，环氧基中涉及的 sp^3 键分别记录为 A1 和 A2。羟基中的 sp^3 键为 A3，碳六环的 sp^2 键为 A4。在之字型方向上，环氧基中所涉及的 sp^3 键分别标记为 Z1 和 Z2。羟基中的 sp^3 键为 Z3，碳六环中的 sp^2 键为 Z4。沿扶手椅拉伸方向[图 6-6(b)～(g)]，在整体应变为 7.60% 时，平行于加载方向的三角形的一些预应力碳键 A1 开始断裂，形成了以氧原子为连接体的对称双七边基元，如图 6-6(c)插图所示。当连续拉伸至 14.28% 时，断裂键转移到 A2[图 6-6(d)插图]。当应变达到 14.76% 时，由于局部结构破坏，在靠近 A1 和 A2 键的 sp^2 键处进一步发生断裂[图 6-6(e)]。之后，分离出的与羟基相关的 sp^3 键发生断键(应变为 17.32%)[图 6-6(f)插图]。最后，当应变为 17.44% 时，连续的拉伸导致严重的局部断裂并扩展至完全断裂[图 6-6(g)]。然而，当沿之字型方向拉伸时，观察到明显的断裂行为[图 6-6(h)～(m)]。起初，在应变为 7.28% 时，发

现环氧基团中 Z1 键发生了类似的断键现象[图 6-6(i)插图]。而垂直于加载方向的 Z2 始终未断裂[图 6-6(j)插图]。随着应变的增加，Z4 键也未断裂[图 6-6(k)]。直到应变增加到 12.84%，Z3 键开始断裂[图 6-6(l)插图]，导致氧化石墨烯片层在应变为 13.44%时完全断裂[图 6-6(m)]。从上述拉伸破坏过程的模拟可知，氧化石墨烯的完全断裂是由羟基形成的 sp³ 键导致的，这可以合理地阐明图 6-5(a)，(c)所示的规律。另外，在图 6-6(g)，(m)所示的断裂面上发现了一系列由碳、氢和氧原子组成的单原子链，这与在单晶石墨烯中观察到的碳原子链有所不同[344]。

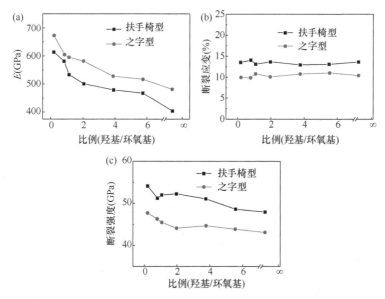

图 6-5　在氧化含量为 10%以及羟基和环氧基不同比例时，沿扶手椅和之字型方向的单层氧化石墨烯片(a)杨氏模量、(b)断裂应变和(c)断裂强度，"0"和"∞"分别表示完全覆盖环氧基和羟基的情况

　　图 6-7(a)，(b)分别为单片多层氧化石墨烯实物图和分子模型图。图 6-7(c)分别是氧化率为 40%、羟基和环氧基比例为 2∶1 时，五层氧化石墨烯片层沿扶手椅和之字型方向上计算的应力-应变曲线，同时图 6-7(d)，(e)给出了相应的氧化石墨烯片层不同拉伸应变下结构的图谱形貌。氧化石墨烯片上的每一层都从上到下

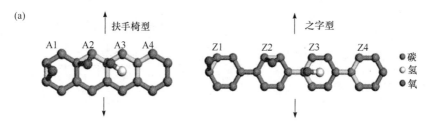

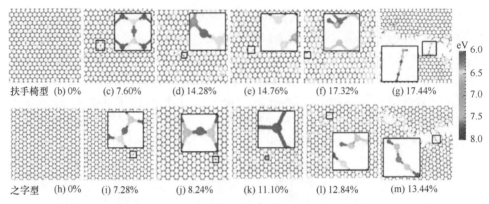

图 6-6　(a)根据扶手椅和之字型方向的键的形状和位置，对氧化石墨烯片中的各种键进行分类示意图；(b)～(m)沿扶手椅和之字型方向拉伸变形过程中，单层氧化石墨烯结构示意图

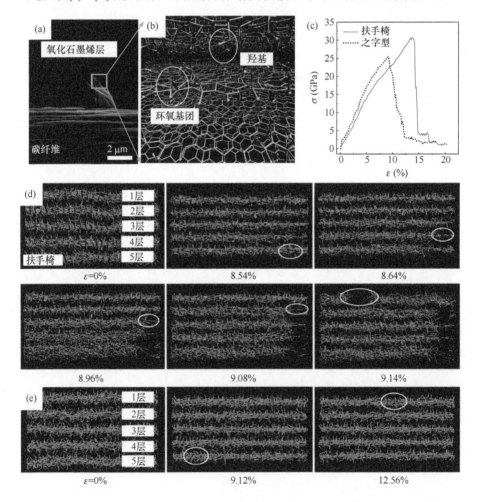

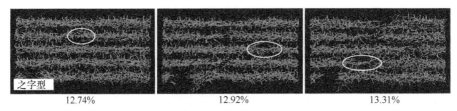

图 6-7　(a)在碳纤维表面接枝的单片多层氧化石墨烯 TEM 图；(b)五层氧化石墨烯片层分子模型的透视侧面图；(c)基于分子模拟的沿扶手椅和之字型方向的应力-应变曲线；(d)，(e)分别沿扶手椅方向和之字型方向的五层氧化石墨烯片层的拉伸过程示意图

按顺序编号。在平衡态下，由于含氧官能团的引入，碳六环会产生局部变形，进而导致氧化石墨烯表面的褶皱形貌。轻微拉伸会导致氧化石墨烯片的褶皱消失。研究发现无论是沿扶手椅还是之字型加载方向，断裂都最先发生在最外层的其中一层。例如，如图 6-7(d)所示，沿扶手椅方向拉伸应变达到 8.54%时，仅导致第 5 层发生断裂，进一步拉伸至 8.64%、8.96%和 9.08%的临界应变下，导致第 4、第 3 和第 2 层分别发生连续断裂，当应变达到 9.14%时第 1 层发生断裂。类似地，在如图 6-7(e)所示的之字型方向的情况下，第 5 层在应变为 9.12%时发生了最初断裂，第 4 层至第 1 层的断裂发生在应变分别为 12.56%、12.74%、12.92%和 13.31%时。氧化石墨烯片从第一层到最后一层的整个断裂过程都在很小的伸长率内完成：扶手椅方向为 8.54%～9.14%，之字型为 9.12%～13.61%。这种断裂方式可能源于内层结构较外层结构更稳定，因为内层具有相对较强的范德华和氢键的双面协同作用。实际上，这种断裂过程是极其复杂的，将在今后的工作中进行进一步探讨。

通过 MD 模拟，还研究了多层氧化石墨烯片层的泊松比效应。结果表明：沿面外方向上不存在泊松比效应，且与氧化石墨烯层数无关，但在垂直于加载方向上存在泊松比效应。模拟结果表明，泊松比在 0.15～0.20 之间，与文献报道值相当(0.16)[338]。

6.3　氧化石墨烯基薄膜/空心球混杂体的制备及结构表征

这里发展了一种简单的合成氧化石墨烯基薄膜/空心球混杂体的方法[图 6-8(a)]。首先，将体积比为 10%的 HCl 加入到使用 Hummers 法合成的不同氧化石墨烯含量的分散液中以调整其 pH 值。然后将混合溶液在冰浴下超声 30 min，使用孔径为 0.65 μm 的 PVDF 滤膜定向过滤得到湿润状态的氧化石墨烯薄膜。随后将制备的氧化石墨烯薄膜在室温条件下干燥 1～2 天，得到氧化石墨烯基薄膜/空心球混杂体[图 6-8(b)]。实验发现，混合分散液的 pH 值对氧化石墨烯空心球的形成起着至关重要的作用，当 pH 值在 1.5～2.4 之间时，可以形成氧化石墨烯空心球。此外，采用同样方法但未添加 HCl 制备了纯氧化石墨烯薄膜用于对比实验。

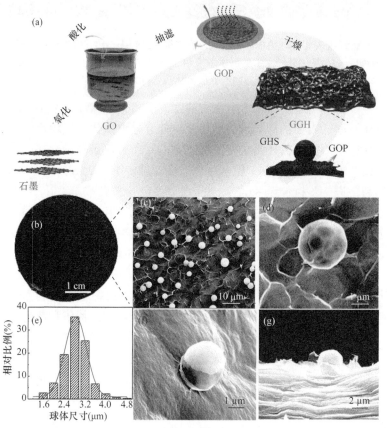

图 6-8　(a)氧化石墨烯基薄膜/空心球混杂体自组装过程示意图；(b)氧化石墨烯基薄膜/空心球混杂体实物图；(c)，(d)氧化石墨烯薄膜表面上的氧化石墨烯空心球 SEM 图；(e)氧化石墨烯空心球在氧化石墨烯薄膜表面的典型尺寸分布；(f)使用电子束照射后开裂的氧化石墨烯空心球；(g)氧化石墨烯基薄膜/空心球混杂体横截面拓扑形貌；GOP. 氧化石墨烯纸；GHS. 氧化石墨烯空心球；GGH. 氧化石墨烯纸和球的混杂体

从图 6-8(c)，(d)可以看出氧化石墨烯空心球均匀地分布在氧化石墨烯薄膜的表面，且球形形态非常规则，同时氧化石墨烯空心球的大小服从典型的正态分布[图 6-8(e)]。有趣的是当电子束聚焦在单个氧化石墨烯空心球上时球体会发生明显开裂现象，同时可以观察到微球的中空结构[图 6-8(f)]。从材料截面可以看出，氧化石墨烯空心球紧密地结合在氧化石墨烯薄膜的表面上[图 6-8(g)]。氧化石墨烯空心球之间的距离 d 的分布如图 6-9 所示。XPS 结果表明，氧化石墨烯空心球主要

由 C 和 O 元素组成，C 和 O 元素的含量分别为 63.36%和 34.23%。氧化石墨烯空心球的 C1s 曲线在 284.8 eV 处显示出一个明显的 C—C 峰，而其他峰则表明氧原子以 C—O，C＝O 和 COOH 官能团形式存在[345, 346]，这说明氧化石墨烯空心球是由氧化石墨烯纳米片组装而成的。

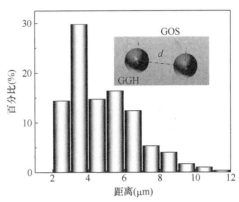

图 6-9　氧化石墨烯空心球之间的距离分布

此外，进一步分析了溶液 pH 值对成球的影响，在相同的氧化石墨烯含量下，当 pH 值在 1.5～2.4 范围内时，可以观察到氧化石墨烯薄膜表面氧化石墨烯空心球的形成。但是，当 pH 值大于 2.4 时，氧化石墨烯空心球的分布密度急剧下降，直到很难观察到空心球为止[图 6-10(a)～(e)]。同时，氧化石墨烯空心球的平均大

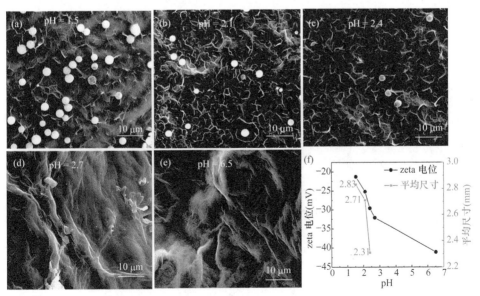

图 6-10　(a)～(e)不同 pH 值的分散溶液制备得到的氧化石墨烯薄膜的表面 SEM 形貌图；
(f)分散液的电位、氧化石墨烯空心球的平均大小和 pH 值之间的关系

小也逐渐减小[图 6-10(f)]。从分散溶液的电位与 pH 值之间的关系可以看出，随着 pH 值的降低，分散液的绝对电位降低，这表明氧化石墨烯纳米片之间的电势降低并且聚集效应增强。因此，在相对小的 pH 值的情况下更容易形成空心球结构。另外，发现氧化石墨烯空心球的形成也与氧化石墨烯薄膜的厚度有关。实验统计发现，当氧化石墨烯薄膜的厚度大于 46 μm 时，可以形成氧化石墨烯空心球，对此比较合理的解释是对于更薄的氧化石墨烯薄膜，真空过滤可导致氧化石墨烯纳米片之间更紧密的堆叠和更强的界面相互作用，这可能在一定程度上限制了氧化石墨烯纳米片的起皱和自组装行为。

为了说明氧化石墨烯空心球的形成机理，图 6-11 给出了整个干燥过程中不同阶段氧化石墨烯薄膜的表面形态。在干燥的初始阶段，氧化石墨烯薄膜的表面较为平坦。当干燥过程持续 4 h 后，可以观察到氧化石墨烯纳米片的部分翘起现象。随着干燥时间进一步增加到 8 h，可以观察到不规则的球状结构形成。当干燥时间达到 12 h 时，可以观察到紧密而规则的微球结构。在中性氧化石墨烯悬浮液中，由于氧化石墨烯纳米片上—COOH 基团之间的静电排斥，氧化石墨烯纳米片倾向于随机分散在水中[52]。但是，当向氧化石墨烯悬浮液中添加酸时，静电排斥作用减弱，氢键的吸引作用增强[347]。这种内部相互作用机制可以通过 FTIR 分析间接证明(图 6-12)。对于纯氧化石墨烯薄膜，在 3379 cm^{-1} 处的峰归因于—OH 基团的拉伸，而在 1220 cm^{-1} 处的峰与 C—OH 基团的拉伸有关[348]。对于氧化石墨烯基薄膜/空心球混杂体，在 3379 cm^{-1} 和 1220 cm^{-1} 处峰强度的衰减表明添加酸后部分—OH 基团被还原，促使氧化石墨烯纳米片更倾向于聚集组装在一起，并在液滴的气液界面处展现出了明显的起皱行为。随着干燥过程中液滴的收缩，最终形成氧化石墨烯基中空微球结构。

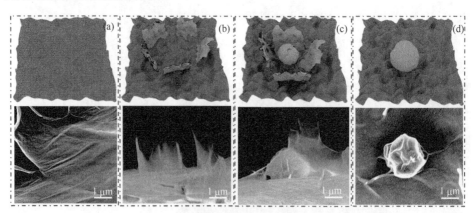

图 6-11　整个干燥过程中氧化石墨烯空心球的形成过程

(a)初始；(b)4 h；(c)8 h；(d)12 h

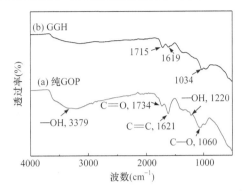

图 6-12　纯氧化石墨烯薄膜和氧化石墨烯基薄膜/空心球混杂体的 FTIR 图谱

6.4　氧化石墨烯基薄膜/空心球混杂体的拉伸力学性质

对氧化石墨烯薄膜和氧化石墨烯基薄膜/空心球混杂体进行了单轴拉伸测试，实验结果如图 6-13(a)，(b)所示。可以看出，随着拉伸的进行，氧化石墨烯基薄膜/空心球混杂体拉伸载荷在达到峰值后迅速下降到零，属于典型的脆性断裂。断裂强度和杨氏模量分别为 55 MPa 和 22 GPa，与纯氧化石墨烯薄膜相比高

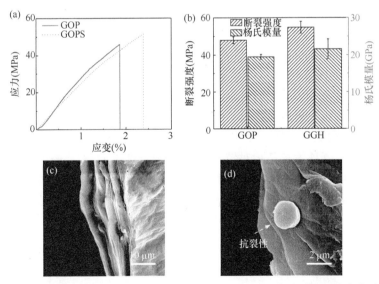

图 6-13　(a)纯氧化石墨烯薄膜和氧化石墨烯基薄膜/空心球混杂体的单轴拉伸应力-应变曲线；(b)纯氧化石墨烯薄膜和氧化石墨烯基薄膜/空心球混杂体的断裂强度和杨氏模量；(c)，(d)氧化石墨烯薄膜和氧化石墨烯基薄膜/空心球混杂体断口的 SEM 图像

15%和16%。氧化石墨烯基薄膜/空心球混杂体机械性能的提高主要归因于两点：一是如上所述酸的加入会引起氧化石墨烯纳米片的起皱变形，从而提高层间机械互锁效应；另一个原因是氧化石墨烯薄膜表面氧化石墨烯空心球的存在可以在一定程度上抑制裂纹的扩展[图 6-13(c)，(d)]。

6.5　空心球与薄膜之间的结合强度

6.5.1　结合强度的原位力学测试及结果分析

为了揭示氧化石墨烯空心球和氧化石墨烯薄膜之间的界面结合性能，对单个氧化石墨烯空心球进行了原位 SEM 剥离测试。载荷 F 和位移 δ 的定义如图 6-14(a)所示。整个实验过程的典型 F-δ 曲线如图 6-14(b)所示，整个测试过程如图 6-14(c)～(h)所示。首先，利用原子力针尖对单个氧化石墨烯空心球(#1)进行穿刺，从而形成明显的孔。随着针尖位移增加，刺穿的孔径变大。当穿刺位移达到 2.79 μm 时，操纵原子力针尖将氧化石墨烯空心球朝相反方向剥离。由于孔的边缘并不平整，当原子力针尖向孔的边缘移动时，原子力针尖的尖端与孔之间存在很强的机械互锁效应，促使尖端可以将氧化石墨烯空心球从氧化石墨烯薄膜表面剥离开。测试结束后，在剥离破坏界面处可以观察到明显的断裂截面，并观测到氧化石墨烯空心球壳体的开裂，这说明氧化石墨烯空心球和氧化石墨烯薄膜之间的界面结合十分牢固[图 6-14(i)]。此外，还对另一个试样(#2)进行了剥离测试，如图 6-15 所示。对于此试样，首先使用原子力针尖尖端推动氧化石墨烯空心球，然后提起针尖尖端，由于氧化石墨烯空心球和氧化石墨烯薄膜之间的接触面积较小，因此所需剥离力也较小，促使尖端可以剥离氧化石墨烯空心球。在这里，定义剥离强度 $\sigma_p = F_{p\max}/S_e$，来量化界面结合性能，其中 $F_{p\max}$ 为最大剥离载荷，S_e 为氧化石墨烯空心球和氧化石墨烯薄膜之间的有效接触面积。经过计算上述两个样品的 σ_p 分别为 38.5 MPa 和 23.9 MPa。将实验结果与基于纯范德华相互作用的结果进行比较发现，本研究测得的 σ_p 值相对较高(图 6-16)[337, 349-352]。形成强界面黏结的主要原因可能是氧化石墨烯纳米片在自组装过程中的起皱行为可以有效提高层间应力传递效率，从而提高了氧化石墨烯基微球与氧化石墨烯薄膜间的结合强度。

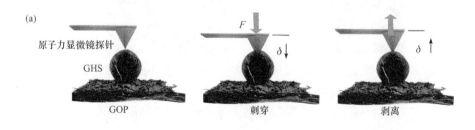

(a) 原子力显微镜探针　GHS　GOP　　刺穿　　剥离

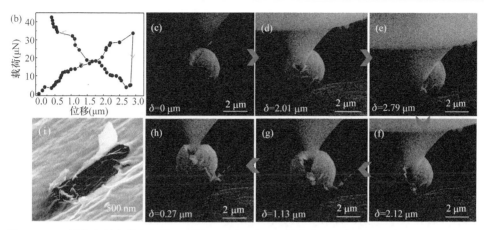

图 6-14　(a)刺穿和剥离单个氧化石墨烯空心球示意图，其中定义了载荷和位移；(b)整个穿刺和剥离过程的典型载荷-位移曲线；(c)～(h)整个穿刺和剥离过程的 SEM 图；(i)从氧化石墨烯薄膜表面剥离氧化石墨烯空心球后的断口表面 SEM 图

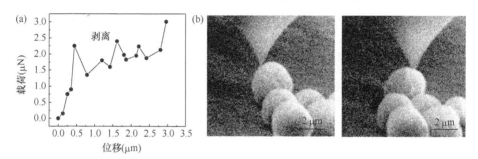

图 6-15　(a)试样#2 的载荷-位移曲线；(b)试样#2 的整个剥离过程 SEM 图

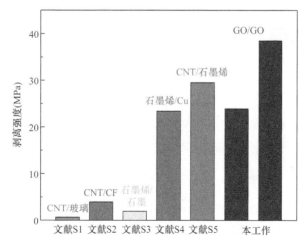

图 6-16　本研究中剥离强度与其他文献中的剥离强度的比较结果

6.5.2 空心球从薄膜剥离的分子动力学模拟

本研究利用分子动力学模拟来进一步揭示氧化石墨烯空心球剥离过程和破坏机理。首先,建立了氧化石墨烯空心球的分子构型,如图 6-17(a)所示。发现氧化石墨烯纳米片的尺寸和数量在形成空心球结构中起着关键作用。当氧化石墨烯纳米片的尺寸太小或氧化石墨烯纳米片的数量少到一定程度时,难以形成空心球结构。考虑到结构稳定性和计算能力,选择了 17 片尺寸为 146 Å × 146 Å(氧化含量与实际材料的氧化含量相同)的氧化石墨烯纳米片来构建氧化石墨烯空心球。首先将氧化石墨烯纳米片随机分布到中心处有一个空心且固定的球面的模拟盒中,然后将用 R_i 表示的半径为 280 Å 的球形边界以恒定速度向内压缩,随着边界的持续缩小,氧化石墨烯纳米片彼此重叠,直到组装成基于氧化石墨烯的空心球结构。最后,将氧化石墨烯空心球放在由三层氧化石墨烯纳米片组成的氧化石墨烯薄膜的表面上。本研究探究了引入共价键形成强黏附力(模型Ⅰ)和基于范德华作用的弱黏附力(模型Ⅱ)两种界面模型的剥离行为。

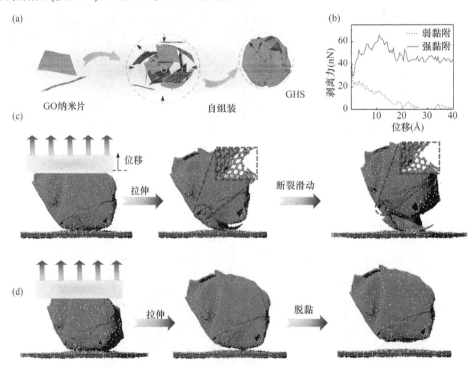

图 6-17　(a)基于分子模拟的氧化石墨烯空心球自组装过程示意图;(b)氧化石墨烯空心球与氧化石墨烯薄膜所成强界面和弱界面的剥离力-位移曲线;(c),(d)基于强、弱界面粘连的氧化石墨烯薄膜表面对应的氧化石墨烯空心球剥离过程示意图

上述两种模型的剥离力 F 和位移 δ 曲线如图 6-17(b)所示，对应的剥离过程如图 6-17(c)，(d)所示。可以看出，对于模型Ⅰ，氧化石墨烯空心球在拉伸初始阶段存在一个明显的拉伸形变过程。此后，随着剥离载荷的增加，黏附在氧化石墨烯薄膜表面的氧化石墨烯纳米片从氧化石墨烯空心球球体上脱落。值得注意的是，观察到这片氧化石墨烯纳米片的一部分被撕裂，并产生一个较高剥离载荷。而对于模型Ⅱ，由于界面黏附较弱，因此拉伸过程较短，最大剥离载荷较小。在这种情况下，氧化石墨烯空心球可以完全脱离氧化石墨烯薄膜表面而不产生任何结构破坏。

6.6　空心球的压缩力学性质

6.6.1　空心球原位压缩测试及结果分析

进一步通过原位压缩实验来研究氧化石墨烯空心球的压缩力学行为。如图 6-18(a)所示，利用原子力针尖的尖端压缩氧化石墨烯空心球，整个循环加载过程的 F-δ 曲线如图 6-18(b)所示。需要注意的是，原子力针尖悬臂梁的初始位置须平行于水平面，因为原子力针尖悬臂梁的旋转角度远小于悬臂梁的长度，所以将加载方向视为通过球心及球与水平面的切点。所测试氧化石墨烯空心球直径约为 2.8 μm 时，最大压缩位移约为 2.7 μm(对应压缩应变为 78%)。可以观察到随着 δ 的增大，氧化石墨烯空心球发生明显的凹陷变形[图 6-18(c)]。在卸载阶段，凹陷形变可以部分恢复，说明这一压缩过程伴随着塑性形变，当原子力针尖完全离开空心球时仍有 20%残余应变，由此可以推断弹性恢复应变为 58%。

为了定量地了解氧化石墨烯空心球壳体的固有破坏强度，利用原子力针尖对空心球进行了划破实验。如图 6-19(a)所示，将原子力针尖移动到空心球的边缘位置，然后进行下压划破操作。图 6-19(b)为直径 2.74 μm 的氧化石墨烯空心球划破压缩载荷-位移曲线，其中原子力针尖偏心距离 D 约为 1.43 μm，整个加载划破过程如图 6-19(c)所示。随着压缩位移的增加，原子力针尖附近出现明显的局部坍塌变形。当载荷接近最大值 35 μN 时，原子力针尖突然向下滑移。在卸载后发现会形成划破裂口，并且可以发现一些被撕裂的石墨烯纳米片残留在了原子力针尖上。定义撕裂强度 $\sigma_t = F_{cmax} / S = F_{cmax} / (2Lt)$，其中 $S = 2Lt$，为狭长裂口的横截面积，可近似视为两个矩形面，其中裂纹的长度 $L = 1.17$ μm，厚度 $t = 20$ nm[图 6-19(d)]。根据上述关系，计算得到 σ_t 约为 747.86 MPa。尽管该值不能直接与石墨烯基纸/膜的断裂强度进行比较，但基于范德华相互作用，它们在同一数量级上[36, 353-357]。

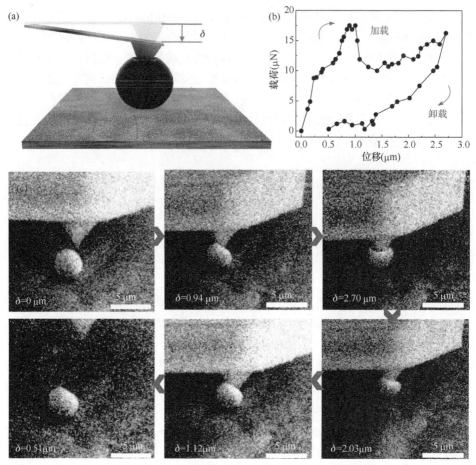

图 6-18　(a)氧化石墨烯空心球原位压缩试验示意图；(b)氧化石墨烯空心球循环加载 F-δ 曲线；
(c)整个循环加载过程 SEM 图

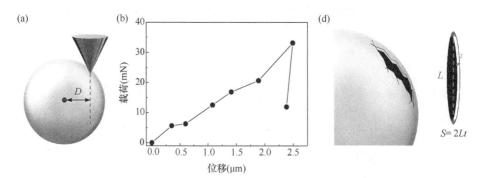

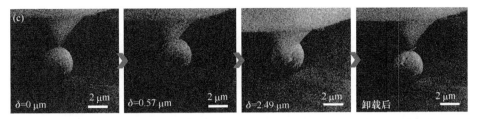

图 6-19　(a)偏心压缩加载示意图；(b)，(c)直径为 2.74 mm 的氧化石墨烯空心球的偏心压缩
载荷-位移曲线和相应的加载过程 SEM 图；(d)裂口面积近似计算示意图

6.6.2　空心球压缩的分子动力学模拟

采用粗粒化分子动力学模拟进一步揭示氧化石墨烯空心球的压缩力学行为及失效机制，粗粒化力场的相关参数从文献中选取，包括键、角、二面体和非键相互作用[358]。鉴于 Lennard-Jones 参数 ε_{LJ} 和 σ_{LJ} 分别为 0.82 kcal/mol 和 3.46 Å，氧化石墨烯组装的空心球中相邻两个石墨烯纳米片之间的截断距离为 12 Å。将基板和空心球之间以及原子力针尖和空心球之间的截断距离设为 3.88 Å，该值等于 L-J 势上最低能量对应的距离，可有效地避免基板和原子力针尖对空心球的不必要吸引作用。在动力学模拟中，系统温度设定为 5 K，以消除由高温引起的不必要结构振动。时间步长设置为 1 fs。在整个模拟过程中采用 NVT 系综(原子数 N、体积 V、温度 T 等)保持不变来保证氧化石墨烯组装的空心球的结构稳定性。根据 Martini 方法[359]，粗粒化模型是由六方点阵构建的，每个珠子表示石墨烯纳米片全原子模型中的 4 个原子，如图 6-20(a)所示。初始构型中的所有石墨烯纳米片随机分布在模拟盒中，并且从半径为 5000 Å 的球形边界以恒定速度向内收缩，将石墨烯纳米片推入球中，如图 6-20(b)所示。在模拟盒的中间有一个固定的球形区域，以保证空心结构。当边界继续收缩时，石墨烯薄片彼此重叠，直到组装成一个空心球体。由此得到的氧化石墨烯空心球模型共含有 330624 个碳粒子，包含 84 个粗粒化石墨烯纳米片，每个纳米片尺寸为 200 Å × 200 Å。

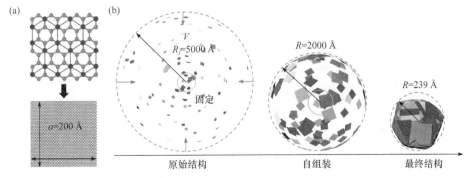

图 6-20　(a)石墨烯纳米片粗粒化过程示意图；(b)氧化石墨烯纳米片组装空心球过程

选取经典文献中的粗粒化力场参数，进而可以准确估计石墨烯的力学响应[359]。在粗粒化模型中，Morse 函数用于描述键势项：

$$V_b(d) = D_0 \left[1 - e^{-\alpha(d-d_0)^2} \right] \tag{6-2}$$

式中，D_0 和 α 为力常数；d_0 为平衡键长。用调和函数来描述角度势项：

$$V_a(\theta) = k_\theta (\theta - \theta_0)^2 \tag{6-3}$$

式中，k_θ 为弹簧常数；θ_0 为平衡角。用另一个谐波函数来描述二面体势项：

$$V_d(\varnothing) = k_\varnothing \left[1 - \cos(2\varnothing) \right] \tag{6-4}$$

式中，$k_\varnothing$ 为弹簧常数。石墨烯纳米片间的非键范德华力(vdw)用 L-J 势描述[360]：

$$V_{nb}(r) = 4\varepsilon_{LJ} \left[\left(\frac{\sigma_{LJ}}{r} \right)^{12} - \left(\frac{\sigma_{LJ}}{r} \right)^6 \right] \tag{6-5}$$

式中，ε_{LJ} 为势阱深度，可以反映两个珠子间的吸引力强度；σ_{LJ} 为与两个非键合珠子间与平衡距离有关的 L-J 参数；r 为截断距离范围内的珠子到珠子间的距离。

基于上述力场关系，通过分子动力学模拟方法得到氧化石墨烯组装的空心球模型[图 6-21(a), (b)]，半径 R 约为 239 Å，平均厚度 t 约为 20 Å。此外，图 6-21(d), (e)为采用溶液法制备的氧化石墨烯空心球，可以看出其结构与分子模型结构相同。图 6-21(c), (f)说明了分子模型与实物试样有着相同的层状纳米结构。

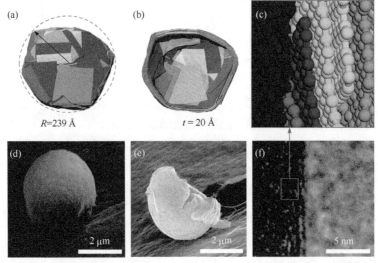

图 6-21　(a), (b)氧化石墨烯组装的空心球粗粒化模型；(c)空心球薄壁截面分子模型图；(d), (e)基于溶液法制备的氧化石墨烯空心球 SEM 图；(f)氧化石墨烯空心球薄壁截面 TEM 图

氧化石墨烯空心球模型的压缩力 F 与位移 δ 的关系及定义如图 6-22(a)所示。

为了与原位实验加载方式相一致，构建了锥状金刚石针尖来压缩空心球。尖端的钝化程度由尖端的半径 r_{tip} 和高度 h 来描述。在模拟过程中，参数 h 是恒定的，所以尖端越尖锐 r_{tip} 越小，反之亦然。空心球被放置在由三层平面石墨烯纳米片组成的刚性板上以实现压缩加载。图 6-22(b)为不同压缩应变 ε 下的三种循环加载曲线，其中取 $r_{tip}=6$ Å，压缩速度 $v_c=5$ m/s。值得注意的是，ε 的计算方法为 $\varepsilon=\delta/2R$，其中 R 为空心球的外半径，δ 为尖端与空心球之间的接触点的位移。可以看出，在前两个循环加载周期中，卸载曲线沿加载路径返回，具有完整的内应力储存-释放过程，展现出了良好的压缩弹性。曲线的波动情况准确地反映了空心球结构在压缩载荷作用下的变形响应。当 ε 增加到 30%时，如图 6-22(b)，(c)所示，在结构变形过程中出现了轻微的塑性变形。为了进一步揭示空心球在第三个循环加载过程中的结构演化机制，在靠近顶端的位置选取了几个相邻的石墨烯纳米片[图 6-22(d)]。随着尖端向下移动并不断压缩空心球，部分氧化石墨烯纳米片会逐渐下陷，而部分氧化石墨烯纳米片保持在原来的位置。当尖端抬起时，一些氧化石墨烯纳米片会旋转并轻微滑动到一侧，以达到结构的变形协调。在这一过程中，石墨烯纳米片之间的界面范德华相互作用决定了结构的稳定性。大部分外部压缩功可以有效地转化为石墨烯纳米片的弹性变形能，而层间滑动则消耗了少量的能量。

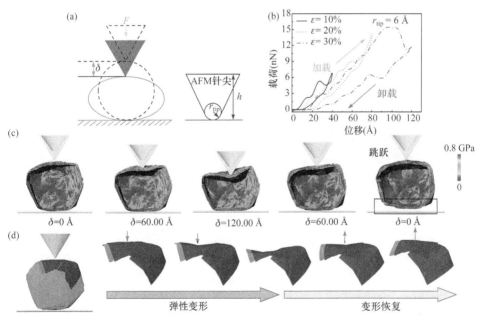

图 6-22　(a)氧化石墨烯空心球压缩过程示意图；(b)不同压缩应变下循环压缩载荷 F-位移 δ 曲线；(c)第三次循环压缩加载(压缩应变为 30%)下空心球整体结构演化图；(d)第三次循环加载过程中氧化石墨烯空心球局部结构演化过程

　　进一步研究了氧化石墨烯空心球在压缩应变高达 90%时的循环压缩加载下的力学行为(图 6-23)。从 F-δ 曲线中选取 5 个特征点，结合对应的压缩结构演化图来描绘整个结构演化过程[图 6-23(b), (c)]。可以看出，在点 a 之前，F-δ 呈线性关系，为单一的弹性变形。在点 a 和点 b 之间，整体结构经历了弹性和塑性变形。随着压缩位移的不断增加，结构进入塑性屈服阶段(b 点和 c 点之间)，在此阶段 F 不继续增加，但保持波动状态。c 点之后，力逐渐卸载导致结构坍塌，并且结构不能完全恢复到原来构型[图 6-23(b)]。在图 6-23(b)所示方框中选择四个氧化石墨烯纳米片，其结构演化在图 6-23(c)中示出。开始时，上方石墨烯纳米片先弯曲，结构处于弹性变形阶段。渐渐地，滑动和弯曲变得明显。在 b 点($\delta = 169.48$ Å)后，上方石墨烯纳米片随着尖端的运动被压入球中，弯曲变形延伸到相邻的石墨烯纳米片。当 δ 达到313.98 Å 时，从另一个角度可以清楚地观察到四个石墨烯纳米片之间的互锁，如虚线方块内所示。具有大弯曲变形和层间滑移的石墨烯组装的中空纳米球壳的结构屈曲是不可逆的，从而导致塑性变形。因此，在卸载过程中，四个石墨烯纳米片的恢复不明显。这种变形机制不同于由层间键和结构相变控制的中空 BN 纳米颗粒[353]。

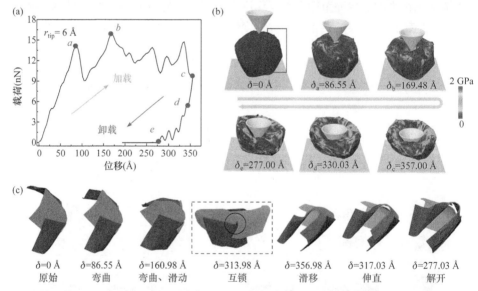

图 6-23　(a)压缩应变高达 90%时的压缩力 F-位移 δ 曲线；(b)循环加载下氧化石墨烯空心球结构演化示意图；(c)循环加载作用下氧化石墨烯空心球局部结构演化过程

　　最后研究了原子力针尖尖端形态对氧化石墨烯空心球压缩力学行为的影响规律,其中 $r_{tip} = 1.5$ Å 和 $r_{tip} = 30$ Å 分别代表尖锐和钝的原子力针尖尖端[图 6-24(a)]。从 F-δ 响应来看，结构破坏前存在类似的变形趋势，包括纯线弹性变形(a 和 a' 之前)和弹塑性变形(a-b 和 a'-b')。然而，观察到存在两种不同的失效模式。当使用尖锐的尖端压缩时，它可以从氧化石墨烯纳米片之间的薄弱接触点或间隙穿透氧化石墨烯空心球[图 6-24(c)，(d)]，并导致 F 下降。这一行为也被实验证实，尖锐的原子力针尖可以直接刺穿空心球[图 6-24(e)]。相反，钝的原子力针尖不能刺穿空心结构[图 6-24(f)]，这可以解释为钝头与石墨烯组装的中空纳米球之间的接触面积较大。随着压缩应变的增加，氧化石墨烯组装的空心球壳体逐渐变平，直到上下两部分通过范德华相互作用吸引到一起[图 6-24(g)，(h)]。当尖端十分平坦，即 $r_{tip}=\infty$ 时，通过公式 $\sigma_c = F_{cmax} / S_c$ 评估出氧化石墨烯组装的空心球的压缩强度 σ_c 可以达到 1.14 GPa。F_{cmax} 是结构坍塌前的最大压缩力(点 b'')，S_c 是平面与空心

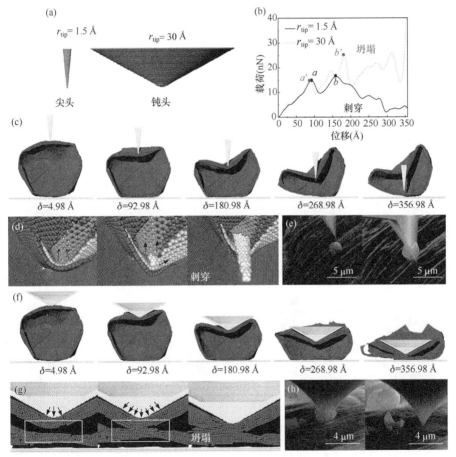

图 6-24　(a)尖头和钝头原子力针尖分子模型；(b)基于不同原子力针尖的压缩力 F-位移 δ 曲线；(c)基于粗粒化分子模拟的尖端穿透空心球壳体过程；(d)穿透氧化石墨烯空心球壳体后的局部结构图；(e)使用尖锐原子力针尖刺穿氧化石墨烯空心球 SEM 图；(f)基于粗粒化分子模拟的钝原子力针尖压垮空心球过程；(g)氧化石墨烯空心球局部坍塌结构；(h)使用钝的原子力针尖压垮氧化石墨烯空心球 SEM 图

球之间的实际接触面积，可以通过确定氧化石墨烯空心球与平面发生非零范德华相互作用的碳珠数量来估算[361]。

6.7　氧化石墨烯基薄膜/空心球混杂体夹层复合材料

6.7.1　夹层复合材料的制备

夹层复合材料的制备如下：首先将 2 g PDMS 加入 5 mL DMF 溶液中搅拌 1 h，然后将固化剂按质量比为 1 : 10 添加到溶液中并充分搅拌，并在真空下脱气得到黏性溶液。在此之后，将其加入到含有氧化石墨烯基薄膜/空心球混杂体的抽滤瓶中进行过滤。最后在 70℃下干燥 4 h，并在室温下干燥 24 h 得到夹层复合材料。

6.7.2　夹层复合材料的拉伸力学性能测试及结果分析

最后，本研究还通过真空过滤法在氧化石墨烯基薄膜/空心球混杂体表面制备了一层厚度约为 10 μm 的 PDMS 层[图 6-25(a)，(b)]。复合材料的界面润湿性对复合材料的性能至关重要。通过接触角测试发现[图 6-25(c)]，氧化石墨烯空心球的引入使氧化石墨烯薄膜与 PDMS 复合材料的浸润接触角由 85.8°减小到 55.7°，表明氧化石墨烯薄膜的润湿性提升，这主要得益于氧化石墨烯基薄膜/空心球混杂体表面的均匀亲水性微观结构[362]。此外，单轴拉伸试验表明，在氧化石墨烯薄膜表面附着氧化石墨烯空心球后，复合材料的断裂强度和杨氏模量分别提高了 17%和92%[图 6-25(d)，(e)]。从图 6-25(f)，(g)可以看出，氧化石墨烯薄膜与 PDMS 界面间的氧化石墨烯空心球的互锁效应对应力传递起着关键作用。

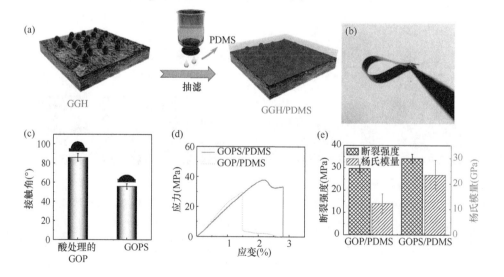

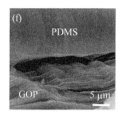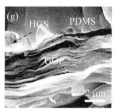

图 6-25　(a)制备氧化石墨烯基薄膜/空心球混杂体/PDMS 夹层复合材料的示意图；(b)氧化石墨烯基薄膜/空心球混杂体/PDMS 夹层复合材料实物图；(c)氧化石墨烯薄膜/PDMS 和氧化石墨烯基薄膜/空心球混杂体/PDMS 的静态接触角；(d)氧化石墨烯薄膜/PDMS 和氧化石墨烯基薄膜/空心球混杂体/PDMS 夹层纳米复合材料的单轴拉伸应力-应变曲线；(e)氧化石墨烯薄膜/PDMS 和氧化石墨烯基薄膜/空心球混杂体/PDMS 夹层复合材料的断裂强度和杨氏模量；(f)，(g)氧化石墨烯薄膜/PDMS 和氧化石墨烯基薄膜/空心球混杂体/PDMS 夹层复合材料断口形貌图

总结与展望

本书以碳纳米材料(包括卡拜、碳纳米管以及石墨烯)为研究对象，基于跨尺度结构设计理念(分子模拟结合连续介质力学理论)，提出了一系列典型的基于这些碳纳米材料自组装而成的纤维、薄膜结构，同时采用先进的原位力学测试技术考察了这类跨尺度宏观碳材料的内部力学增强和失效机制，在此基础上，提出了这类碳材料的一些潜在应用，包括在复合材料方面以及智能人工皮肤方面。这些工作可以为碳基跨尺度材料的结构设计提供一定的实验和理论借鉴，同时也可以拓宽碳纳米材料的应用。

目前来说，跨尺度理论的发展并不完善，仍存在很多关键问题，包括力场的适用性、连续理论在尺寸效应的解释上以及非连续结构的有限元分析等。这些问题一定程度上限制了材料的结构设计和性能预测。另外，目前微纳米测量技术主要还是局限于力学性能的测量上，而对于多功能性质的耦合问题还处于探索阶段，包括高温场、电场、磁场等耦合效应如何在原位测试中实现仍需要投入大量的精力去完善。尽管如此，我们仍然对碳基材料的发展抱有信心，希望在未来的工作中可以把这些关键问题一一解决，进而为先进碳材料的实际应用铺平道路。

参 考 文 献

[1] Xu M, Futaba D N, Yamada T, et al. Carbon nanotubes with temperature-invariant viscoelasticity from −196 degrees to 1000 degrees C[J]. Science, 2010, 330(6009): 1364-1368.

[2] Liu K, Sun, Y, Lin X, et al. Scratch-resistant, highly conductive, and high-strength carbon nanotube-based composite yarns[J]. ACS Nano, 2010, 4 (10): 5827-5834.

[3] Yap H W, Lakes R S, Carpick R W. Mechanical instabilities of individual multiwalled carbon nanotubes under cyclic axial compression[J]. Nano Lett, 2007, 7(5): 1149-1154.

[4] Rondeau-Gagné S, Morin J F. Preparation of carbon nanomaterials from molecular precursors[J]. Chemical Society Reviews, 2014, 43(1): 85-98.

[5] Kroto H W, Heath J R, O'berien S C, et al. Long carbon chain molecules in circumstellar shells[J]. The Astrophysical Journal, 1987, 314: 352-355.

[6] Hayatsu R, Scott R G, Studier M H, et al. Carbynes in meteorites: detection, low-temperature origin, and implications for interstellar molecules[J]. Science, 1980, 209: 1515-1518.

[7] Jevric M, Nielsen M B. Synthetic strategies for oligoynes[J]. Asian Journal of Organic Chemistry, 2015, 4(4): 286-295.

[8] Szafert S, Gladysz J A. Carbon in one dimension: structural analysis of the higher conjugated polyynes[J]. Chem Rev, 2003, 4: 4175-4205.

[9] Milani P, Iannotta S. Cluster Beam Synthesis of Nanostructured Materials[M]. Berlin: Springer, 1999.

[10] Kano E, Takeguchi M, Fujita J, et al. Direct observation of Pt-terminating carbyne on graphene. Carbon, 2014, 80: 382-386.

[11] Wakabayashi T, Nagayama H, Daigoku K, et al. Laser induced emission spectra of polyyne molecules $C_{2n}H_2$ ($n = 5–8$)[J]. Chemical Physics Letters, 2007, 446(1-3): 65-70.

[12] Hu A, Rybachuk M, Lu Q B, et al. Direct synthesis of sp-bonded carbon chains on graphite surface by femtosecond laser irradiation[J]. Applied Physics Letters, 2007, 91(13): 131906.

[13] Tabata H, Fujii M, Hayashi S. Surface-enhanced Raman scattering from polyyne solutions[J]. Chemical Physics Letters, 2006, 420(1-3): 166-170.

[14] Ravagnan L, Bongiorno G, Bandiera D, et al. Quantitative evaluation of sp/sp^2 hybridization ratio in cluster-assembled carbon films by *in situ* near edge X-ray absorption fine structure spectroscopy[J]. Carbon, 2006, 44(8): 1518-1524.

[15] Ravagnan L, Piseri P, Bruzzi M, et al. Influence of cumulenic chains on the vibrational and electronic properties of sp/sp^2 amorphous carbon[J]. Phys Rev Lett, 2007, 98(21): 216103.

[16] Bogana M, Ravagnan L, Casari C S, et al. Leaving the fullerene road: presence and stability of sp chains in sp^2 carbon clusters and cluster-assembled solids[J]. New Journal of Physics, 2005, 7: 81.

[17] Kudryavtsev Y P, Heimann R B, Evsyukov S E. Carbynes: advances in the field of linear carbon chain compounds[J]. Journal of Materials Science, 1996, 31(21): 5557-5571.

[18] Kudryavtsev Y P, Evsyukov S E, Guseva M B, et al. Carbyne-the third allotropic form of carbon[J]. Russian Chemical Bulletin, 1993, 42(3): 399-413.

[19] Siemsen P, Livingston R C, Diederich F. Acetylenic coupling: a powerful tool in molecular construction[J]. Angew Chem Int Ed Engl, 2000, 39(15): 2632-2657.

[20] Chalifoux W A, Tykwinski R R. Synthesis of extended polyynes: toward carbyne[J]. Comptes Rendus Chimie, 2009, 12(3-4): 341-358.

[21] Tykwinski R R. Carbyne: the molecular approach[J]. Chem Rec, 2015, 15(6): 1060-1074.

[22] Iijima S. Helical microtubules of graphitic carbon[J]. Nature, 1991, 354(6348): 56-58.

[23] Balasubramanian K, Burghard M. Chemically functionalized carbon nanotubes[J]. Small, 2005, 1(2): 180-192.

[24] Bethune D, Kiang C H, De Vries M, et al. Cobalt-catalysed growth of carbon nanotubes with single-atomic-layer walls[J]. Nature, 1993, 363(6430): 605-607.

[25] Ebbesen T, Ajayan P. Large-scale synthesis of carbon nanotubes[J]. Nature, 1992, 358(6383): 220-222.

[26] Chrzanowska J, Hoffman J, Małolepszy A, et al. Synthesis of carbon nanotubes by the laser ablation method: effect of laser wavelength[J]. physica status solidi, 2015, 252(8): 1860-1867.

[27] Guo T, Nikolaev P, Thess A, et al. Catalytic growth of single-walled manotubes by laser vaporization[J]. Chemical Physics Letters, 1995, 243(1-2): 49-54.

[28] Xie S, Li W, Pan Z, et al. Carbon nanotube arrays[J]. Materials Science Engineering: A, 2000, 286(1): 11-15.

[29] Manawi Y M, Samara A, Al-Ansari T, et al. A review of carbon nanomaterials' synthesis via the chemical vapor deposition (CVD) method[J]. Materials, 2018, 11(5): 822.

[30] Kumar M, Ando Y. Chemical vapor deposition of carbon nanotubes: a review on growth mechanism and mass production[J]. Journal of Nanoscience Nanotechnology, 2010, 10(6): 3739-3758.

[31] Fan S, Chapline M G, Franklin N R, et al. Self-oriented regular arrays of carbon nanotubes and their field emission properties[J]. Science, 1999, 283(5401): 512-514.

[32] Li Q, Zhang X, Depaula R F, et al. Sustained growth of ultralong carbon nanotube arrays for fiber spinning[J]. Advanced Materials, 2006, 18(23): 3160-3163.

[33] Lee C J, Lyu S C, Kim H W, et al. Large-scale production of aligned carbon nanotubes by the vapor phase growth method[J]. Chemical Physics Letters, 2002, 359(1-2): 109-114.

[34] Zhang C, Tian B, Chong C T, et al. Synthesis of single-walled carbon nanotubes in rich hydrogen/air flames[J]. Materials Chemistry, 2020, 254: 123479.

[35] Novoselov K S, Geim A K, Morozov S V, et al. Electric field effect in atomically thin carbon films[J]. Science, 2004, 306(5696): 666-669.

[36] Wang Y, Zhu Y, Wu H. Formation and topological structure of three-dimensional disordered graphene networks[J]. Phys Chem Chem Phys, 2021, 23 (17): 10290-10302.

[37] Yi M, Shen Z. A review on mechanical exfoliation for the scalable production of graphene[J]. Journal of Materials Chemistry A, 2015, 3(22): 11700-11715.

[38] Emtsev K V, Bostwick A, Horn K, et al. Towards wafer-size graphene layers by atmospheric pressure graphitization of silicon carbide[J]. Nature Materials, 2009, 8(3): 203-207.

[39] Reina A, Jia X, Ho J, et al. Large area, few-layer graphene films on arbitrary substrates by

chemical vapor deposition[J]. Nano Letters, 2009, 9(1): 30-35.

[40] Zhang B, Lee W H, Piner R, et al. Low-temperature chemical vapor deposition growth of graphene from toluene on electropolished copper foils[J]. ACS Nano, 2012, 6(3): 2471-2476.

[41] Sun Z, Yan Z, Yao J, et al. Growth of graphene from solid carbon sources[J]. Nature, 2010, 468(7323): 549-552.

[42] Hernandez Y, Nicolosi V, Lotya M, et al. High-yield production of graphene by liquid-phase exfoliation of graphite[J]. Nature Nanotechnology, 2008, 3(9): 563-568.

[43] Li D, Müller M B, Gilje S, et al. Processable aqueous dispersions of graphene nanosheets[J]. Nature Nanotechnology, 2008, 3(2): 101-105.

[44] Dubin S, Gilje S, Wang K, et al. A one-step, solvothermal reduction method for producing reduced graphene oxide dispersions in organic solvents[J]. ACS Nano, 2010, 4(7): 3845-3852.

[45] Jiao L, Zhang L, Wang X, et al. Narrow graphene nanoribbons from carbon nanotubes[J]. Nature, 2009, 458(7240): 877-880.

[46] Dato A, Radmilovic V, Lee Z, et al. Substrate-free gas-phase synthesis of graphene sheets[J]. Nano Letters, 2008, 8(7): 2012-2016.

[47] Xu Y X, Sheng K X, Li C, et al. Self-assembled graphene hydrogel via a one-step hydrothermal process[J]. ACS Nano, 2010, 4(7): 4324-4330.

[48] Zhu Y, Murali S, Cai W, et al. Graphene and graphene oxide: synthesis, properties, and applications[J]. Advanced Materials, 2010, 22(35): 3906-3924.

[49] Dreyer D R, Park S, Bielawski C W, et al. The chemistry of graphene oxide[J]. Chemical Society Reviews, 2010, 39(1): 228-240.

[50] Paredes J, Villar-Rodil S, MartíNez-Alonso A, et al. Graphene oxide dispersions in organic solvents[J]. Langmuir, 2008, 24(19): 10560-10564.

[51] Compton O C, Nguyen S T. Graphene oxide, highly reduced graphene oxide, and graphene: versatile building blocks for carbon-based materials[J]. Small, 2010, 6(6): 711-723.

[52] Timoshevskii A, Kotrechko S, Matviychuk Y. Atomic structure and mechanical properties of carbyne[J]. Physical Review B, 2015, 91(24): 1-8.

[53] Liu M, Artyukhov V I, Lee H, et al. Carbyne from first principles: chainof c atoms, a nanorod or a nanorope[J]. Acs Nano, 2013, 7: 10075-10082.

[54] Nair A K, Cranford S W, Buehler M J. The minimal nanowire: Mechanical properties of carbyne[J]. Epl, 2011, 95(1): 16002.

[55] Liu X J, Zhang G, Zhang Y W. Tunable mechanical and thermal properties of one-dimensional carbyne chain: phase transition and microscopic dynamics[J]. Journal of Physical Chemistry C, 2015, 119(42): 24156-24164.

[56] Belytschko T, Xiao S P, Schatz G C, et al. Atomistic simulations of nanotube fracture[J]. Physical Review B, 2002, 65(23): 235430.

[57] Duan W H, Wang Q, Liew K M, et al. Molecular mechanics modeling of carbon nanotube fracture[J]. Carbon, 2007, 45(9): 1769-1776.

[58] Duan X, Tang C, Zhang J, et al. Two distinct buckling modes in carbon nanotube bending[J]. Nano Letters, 2007, 7(1): 143-148.

[59] Treacy M M J, Ebbesen T W, Gibson J M. Exceptionally high young's modulus observed for individual carbon nanotubes[J]. Nature, 1996, 381(6584): 678-680.

[60] Demczyk B G, Wang Y M, Cumings J, et al. Direct mechanical measurement of the tensile strength and elastic modulus of multiwalled carbon nanotubes[J]. Materials Science and Engineering: A, 2002, 334(1): 173-178.

[61] Zhu Y, Espinosa H D. An electromechanical material testing system for *in situ* electron microscopy and applications[J]. Proceedings of the National Academy of Sciences of the United States of America, 2005, 102(41): 14503.

[62] Kuzumaki T, Hayashi T, Ichinose H, et al. *In-situ* observed deformation of carbon nanotubes[J]. Philosophical Magazine A, 1998, 77(6): 1461-1469.

[63] Shenderova O A, Zhirnov V V, Brenner D W. Carbon Nanostructures[J]. Critical Reviews in Solid State and Materials Sciences, 2002, 27(3-4): 227-356.

[64] Yu M F, Files B S, Arepalli S, et al. Tensile loading of ropes of single wall carbon nanotubes and their mechanical properties[J]. Physical Review Letters, 2000, 84: 5552-5555.

[65] Collins P G, Avouris P. Nanotubes for electronics[J]. Scientific American, 2000, 283: 62-69.

[66] Balandin A A. Thermal properties of graphene and nanostructured carbon materials[J]. Nat Mater, 2011, 10(8): 569-581.

[67] Zhang M, Fang S L, Zakhidov A A, et al. Strong, transparent, multifunctional, carbon nanotube sheets[J]. Science, 2005, 309(5738): 1215-1219.

[68] Hall C J, Coluci V R, Galvão D S, et al. Sign change of poisson's ratio for carbon nanotube sheets[J]. Science, 2008, 320: 504-507.

[69] Endo M, Muramatsu H, Hayashi T, et al. Nanotechnology: 'Buckypaper' from coaxial nanotubes[J]. Nature, 2005, 433(7025): 476.

[70] Ali E A, Jiyoung O, Mikhail E K, et al. Giant-stroke, superelastic carbon nanotube aerogel muscles[J]. Science, 2009, 323(5921): 1575-1578.

[71] Bryning M B, Milkie D E, Islam M F, et al. Carbon nanotube aerogels[J]. Adv Mater, 2007, 19(5): 661-664.

[72] Park O K, Choi H, Jeong H, et al. High-modulus and strength carbon nanotube fibers using molecular cross-linking[J]. Carbon, 2017, 118: 413-421.

[73] Cranford S W, Buehler M J. In silico assembly and nanomechanical characterization of carbon nanotube buckypaper[J]. Nanotechnology, 2010, 21(26): 265706.

[74] Shen Z, Roding M, Kroger M, et al. Carbon nanotube length governs the viscoelasticity and permeability of buckypaper[J]. Polymers (Basel), 2017, 9(4): 115.

[75] Chen H, Zhang L Y, Chen J B, et al. Energy dissipation capability and impact response of carbon nanotube buckypaper: a coarse-grained molecular dynamics study[J]. Carbon, 2016, 103: 242-254.

[76] Zhang L, Zhang G, Liu C, et al. High-density carbon nanotube buckypapers with superior transport and mechanical properties[J]. Nano Lett, 2012, 12(9): 4848-4852.

[77] Zhang M, Atkinson K R, Baughman R H. Multifunctional carbon nanotube yarns by downsizing an ancient technology[J]. Science, 2004, 306(5700): 1358-1361.

[78] Hu L B, Wu H, Gao Y F, et al. Silicon-carbon nanotube coaxial sponge as li-ion anodes with high areal capacity[J]. Advanced Energy Materials, 2011, 1(4): 523-527.

[79] Shen Y, Sun D, Yu L, et al. A high-capacity lithium-air battery with Pd modified carbon nanotube sponge cathode working in regular air[J]. Carbon, 2013, 62: 288-295.

[80] Behabtu N, Young C C, Tsentalovich D E, et al. Strong, light, multifunctional fibers of carbon nanotubes with ultrahigh conductivity[J]. Science, 2013, 339(6116): 182-186.

[81] Ci L, Punbusayakul N, Wei J Q, et al. Multifunctional macroarchitectures of double-walled carbon nanotube fibers[J]. Adv Mater, 2007, 19(13): 1719.

[82] Zhong X H, Li Y L, Liu Y K, et al. Continuous multilayered carbon nanotube yarns[J]. Adv Mater, 2010, 22(6): 692-696.

[83] Guo W, Liu C, Zhao F, et al. A novel electromechanical actuation mechanism of a carbon nanotube fiber[J]. Adv Mater, 2012, 24(39): 5379-5384.

[84] Haines C S, Lima M D, Li N, et al. Artificial muscles from fishing line and sewing thread[J]. Science, 2014, 343: 868-872.

[85] Spinks G M, Mottaghitalab V, Bahrami-Samani M, et al. Carbon-nanotube-reinforced polyaniline fibers for high-strength artificial muscles[J]. Adv Mater, 2006, 18(5): 637-640.

[86] Ren J, Li L, Chen C, et al. Batteries: twisting carbon nanotube fibers for both wire-shaped micro-supercapacitor and micro-battery[J]. Adv Mater, 2013, 25: 1155-1159.

[87] Fu Y, Cai X, Wu H, et al. Fiber supercapacitors utilizing pen ink for flexible/wearable energy storage[J]. Adv Mater, 2012, 24: 5713-5718.

[88] Wang K, Meng Q, Zhang Y, et al. High-performance two-ply yarn supercapacitors based on carbon nanotubes and polyaniline nanowire arrays[J]. Adv Mater, 2013, 25(10): 1494-1498.

[89] Kozlov M E, Capps R C, Sampson W M, et al. Spinning solid and hollow polymer-free carbon nanotube fibers[J]. Adv Mater, 2005, 17(5): 614-617.

[90] Cai Z, Li L, Ren J, et al. Flexible, weavable and efficient microsupercapacitor wires based on polyaniline composite fibers incorporated with aligned carbon nanotubes[J]. Journal of Materials Chemistry A, 2012, (2): 258-261.

[91] Ryu S, Lee P, Chou J B, et al. Extremely Elastic Wearable Carbon Nanotube Fiber Strain Sensor for Monitoring of Human Motion[J]. Acs Nano, 2015, 9: 5929-5936.

[92] Ren J, Zhang Y, Bai W, et al. Elastic and wearable wire-shaped lithium-ion battery with high electrochemical performance[J]. Angewandte Chemie, 2014, 53 (30): 7864-7869.

[93] Allen M J, Tung V C, Kaner R B. Honeycomb carbon: a review of graphene[J]. Chem Rev, 2010, 110 (1): 132-145.

[94] Zhang J, Liu J, Zhuang R, et al. Single MWNT-glass fiber as strain sensor and switch[J]. Adv Mater, 2011, 23(30): 3392-3397.

[95] Lipomi D J, Vosgueritchian M, Tee B C, et al. Skin-like pressure and strain sensors based on transparent elastic films of carbon nanotubes[J]. Nat Nanotechnol, 2011, 6(12): 788-792.

[96] Zhu Z, Garcia-Gancedo L, Flewitt A J, et al. Design of carbon nanotube fiber microelectrode for glucose biosensing[J]. Journal of Chemical Technology & Biotechnology, 2012, 87(2): 256-262.

[97] Sun H, Yang Z, Chen X, et al. Photovoltaic wire with high efficiency attached onto and detached from a substrate using a magnetic field[J]. Angewandte Chemie International Edition, 2013, 52: 8276-8280.

[98] Chen T, Wang S, Yang Z, et al. Flexible, light-weight, ultrastrong, and semiconductive carbon nanotube fibers for a highly efficient solar cell[J]. Angewandte Chemie International Edition, 2011, 50(8): 1815-1819.

[99] Lee C, Wei X, Li Q, et al. Elastic and frictional properties of graphene[J]. Physica Status Solidi

(B), 2009, 246(11-12): 2562-2567.

[100] Annamalai M, Mathew S, Jamali M, et al. Elastic and nonlinear response of nanomechanical graphene devices[J]. Journal of Micromechanics and Microengineering, 2012, 22(10).

[101] Poot M, Van Der Zant H S J. Nanomechanical properties of few-layer graphene membranes[J]. Applied Physics Letters, 2008, 92(6) 063111-063111-3.

[102] Frank I W, Tanenbaum D M, Van Der Zande A M, et al. Mechanical properties of suspended graphene sheets[J]. Journal of Vacuum Science & Technology B: Microelectronics and Nanometer Structures, 2007, 25(6).

[103] Liu F, Ming P, Li J. Ab initiocalculation of ideal strength and phonon instability of graphene under tension[J]. Physical Review B, 2007, 76(6): 064120.

[104] Neek-Amal M, Peeters F M. Nanoindentation of a circular sheet of bilayer graphene[J]. Physical Review B, 2011, 81(23): 235421.

[105] Grantab R, Shenoy V B, Ruoff R S. Anomalous strength characteristics of tilt grain boundaries in graphene[J]. Science, 2010, 330(6006): 946-948.

[106] Georgantzinos S K, Giannopoulos G I, Anifantis N K. Numerical investigation of elastic mechanical properties of graphene structures[J]. Materials & Design, 2010, 31(10): 4646-4654.

[107] Guo J G, Zhou L J, Kang Y L. Chirality-dependent anisotropic elastic properties of a monolayer graphene nanosheet[J]. J Nanosci Nanotechnol, 2012, 12(4): 3159-3164.

[108] Gomez-Navarro C, Burghard M, Kern K. Elastic properties of chemically derived single graphene sheets[J]. Nano Lett, 2008, 8(7): 2045-2049.

[109] Xu Z, Gao C. Graphene chiral liquid crystals and macroscopic assembled fibres[J]. Nat Commun, 2011, 2: 571.

[110] Xu Z, Sun H, Zhao X, et al. Ultrastrong fibers assembled from giant graphene oxide sheets[J]. Adv Mater, 2013, 25(2): 188-193.

[111] Li P, Liu Y, Shi S, et al. Highly Crystalline graphene fibers with superior strength and conductivities by plasticization spinning[J]. Advanced Functional Materials, 2020, 30(52): 2006584.

[112] Zeng L, Liu X, Chen X, et al. Surface modification of aramid fibres with graphene oxide for interface improvement in composites[J]. Applied Composite Materials, 2018, 25(4): 843-852.

[113] Zhang J, Chen P, Oh B H, et al. High capacitive performance of flexible and binder-free graphene-polypyrrole composite membrane based on *in situ* reduction of graphene oxide and self-assembly[J]. Nanoscale, 2013, 5(20): 9860-9866.

[114] Li Y, Zhao X, Zhang P, et al. A facile fabrication of large-scale reduced graphene oxide-silver nanoparticle hybrid film as a highly active surface-enhanced Raman scattering substrate[J]. Journal of Materials Chemistry C, 2015, 3(16): 4126-4133.

[115] Huang J, Deng H, Song D, et al. Electrospun polystyrene/graphene nanofiber film as a novel adsorbent of thin film microextraction for extraction of aldehydes in human exhaled breath condensates[J]. Anal Chim Acta, 2015, 878: 102-108.

[116] Xing R, Jiao T, Liu Y, et al. Co-Assembly of graphene oxide and albumin/photosensitizer nanohybrids towards enhanced photodynamic therapy[J]. Polymers (Basel), 2016, 8(5): 181.

[117] Xu X, Zhang Q, Yu Y, et al. Naturally dried graphene aerogels with superelasticity and tunable poisson's ratio[J]. Adv Mater, 2016, 28(41): 9223-9230.

[118] Zhu C, Han T Y, Duoss E B, et al. Highly compressible 3D periodic graphene aerogel microlattices[J]. Nat Commun, 2015, 6: 6962.

[119] Peng Q, Li Y, He X, et al. Graphene nanoribbon aerogels unzipped from carbon nanotube sponges[J]. Adv Mater, 2014, 26(20): 3241-3247.

[120] Zheng Q, Cai Z, Ma Z, et al. Cellulose nanofibril/reduced graphene oxide/carbon nanotube hybrid aerogels for highly flexible and all-solid-state supercapacitors[J]. ACS Appl Mater Interfaces, 2015, 7(5): 3263-3271.

[121] Wu Y, Yi N, Huang L, et al. Three-dimensionally bonded spongy graphene material with super compressive elasticity and near-zero Poisson's ratio[J]. Nat Commun, 2015, 6: 6141.

[122] Qin Z, Jung G S, Kang M J, et al. The mechanics and design of a lightweight three-dimensional graphene assembly[J]. Sci Adv, 2017, 3(1): e1601536.

[123] Yavari F, Chen Z, Thomas A V, et al. High sensitivity gas detection using a macroscopic three-dimensional graphene foam network[J]. Sci Rep, 2011, 1: 166.

[124] Chen S, Bao P, Huang X, et al. Hierarchical 3D mesoporous silicon@graphene nanoarchitectures for lithium ion batteries with superior performance[J]. Nano Research, 2013, 7(1): 85-94.

[125] Bi H, Xie X, Yin K, et al. Spongy graphene as a highly efficient and recyclable sorbent for oils and organic solvents[J]. Advanced Functional Materials, 2012, 22(21): 4421-4425.

[126] Tarakeshwar P, Buseck P R, Kroto H W. Pseudocarbynes: charge-stabilized carbon chains[J]. J Phys Chem Lett, 2016, 7(9): 1675-1681.

[127] Remya K, Suresh C H. Carbon rings: a DFT study on geometry, aromaticity, intermolecular carbon-carbon interactions and stability[J]. Rsc Adv, 2016, 6(50): 44261-44271.

[128] Compagnini G, Battiato S, Puglisi O, et al. Ion irradiation of sp rich amorphous carbon thin films: A vibrational spectroscopy investigation[J]. Carbon, 2005, 43(14): 3025-3028.

[129] Börrnert F, Börrnert C, Gorantla S, et al. Single-wall-carbon-nanotube/single-carbon-chain molecular junctions[J]. Physical Review B, 2010, 81(8): 085439.

[130] Jin C, Lan H, Peng L, et al. Deriving carbon atomic chains from graphene[J]. Phys Rev Lett, 2009, 102(20): 205501.

[131] Wang C, Batsanov A S, Bryce M R, et al. Oligoyne single molecule wires[J]. J Am Chem Soc, 2009, 131(43): 15647-15654.

[132] Castiglioni C, Del Zoppo M, Zerbi G. Molecular first hyperpolarizability of push-pull polyenes: Relationship between electronic and vibrational contribution by a two-state model[J]. Phys Rev B, 1996, 53: 13319-13325.

[133] Eisler S, Slepkov Ad, Elliott E, et al. Polyynes as a model for carbyne: synthesis, physical properties, and nonlinear optical response[J]. J Am Chem Soc, 2005, 127: 2666-2676.

[134] Mehta R, Chugh S, Chen Z. Enhanced electrical and thermal conduction in graphene-encapsulated copper nanowires[J]. Nano Lett, 2015, 15(3): 2024-2030.

[135] Salman Z, Nair A, Tung S. Electromechanical properties of one dimensinal carbon chains[J]. Honolulu: Proceedings of the 9th IEEE International, 2015: 35-38.

[136] Sorokin P B, Lee H, Antipina L Y, et al. Calcium-decorated carbyne networks as hydrogen storage media[J]. Nano Lett, 2011, 11(7): 2660-2665.

[137] Park M, Lee H. Carbyne bundles for a lithium-ion-battery anode[J]. Journal of the Korean

Physical Society, 2013, 63(5): 1014-1018.

[138] Kotrechko S, Mazilov A A, I. Mazilova T, et al. Experimental determination of the mechanical strength of monatomic carbon chains[J]. Technical Physics Letters, 2012, 38: 132-134.

[139] Mikhailovskij I M, Sadanov E V, Kotrechko S, et al. Measurement of the inherent strength of carbon atomic chains[J]. Physical Review B, 2013, 87(4): 045410.

[140] Gao E, Li R, Baughman R H. Predicted confinement-enhanced stability and extraordinary mechanical properties for carbon nanotube wrapped chains of linear carbon[J]. ACS Nano, 2020, 14(12): 17071-17079.

[141] Becton M, Zeng X, Wang X. Mechanical properties of the boron nitride analog of graphyne: scaling laws and failure patterns[J]. Advanced Engineering Materials, 2016, 18 (8): 1444-1452.

[142] de Tomas C, Suarez-Martinez I, Vallejos-Burgos F, et al. Structural prediction of graphitization and porosity in carbide-derived carbons[J]. Carbon, 2017, 119: 1-9.

[143] Gupta N, Penev E S, Yakobson B I. Fatigue in assemblies of indefatigable carbon nanotubes[J]. Sci Adv, 2021, 7(52): eabj6996.

[144] Van Duin A C T, Dasgupta S, Lorant F, et al. ReaxFF: a reactive force field for hydrocarbons[J]. J Phys Chem A, 2001, 105: 9396-9409.

[145] Chen N, Lusk M T, Van Duin A C T, et al. Mechanical properties of connected carbon nanorings via molecular dynamics simulation[J]. Physical Review B, 2005, 72(8): 085416.

[146] Nielson K D, Van Duin A C T, Oxgaard J, et al. Development of the ReaxFF reactive force field for describing transition metal catalyzed reactions, with application to the initial stages of the catalytic formation of carbon nanotubes[J]. Journal of Physical Chemistry A, 2005, 109(3): 493-499.

[147] Odegard G M, Gates T S, L M Nicholson, et al. Equivalent-continuum modeling of nano-structured materials[J]. Composites Science and Technology, 2002, 62: 1869-1880.

[148] Li C Y, Chou T W. A structural mechanics approach for the analysis of carbon nanotubes[J]. International Journal of Solids and Structures, 2003, 40(10): 2487-2499.

[149] Chang T C, Gao H J. Size-dependent elastic properties of a single-walled carbon nanotube via a molecular mechanics model[J]. Journal of the Mechanics and Physics of Solids, 2003, 51(6): 1059-1074.

[150] Scarpa F, Adhikari S, Srikantha Phani A. Effective elastic mechanical properties of single layer graphene sheets[J]. Nanotechnology, 2009, 20(6): 065709.

[151] Tserpes K I, Papanikos P. Finite element modeling of single-walled carbon nanotubes[J]. Composites Part B-Engineering, 2005, 36(5): 468-477.

[152] Kalamkarov A L, Georgiades A V, Rokkam S K, et al. Analytical and numerical techniques to predict carbon nanotubes properties[J]. International Journal of Solids and Structures, 2006, 43(22-23): 6832-6854.

[153] Meo M, Rossi M. Prediction of Young's modulus of single wall carbon nanotubes by molecular-mechanics based finite element modelling[J]. Composites Science and Technology, 2006, 66(11-12): 1597-1605.

[154] Reddy C D, Rajendran S, Liew K M. Equilibrium configuration and continuum elastic properties of finite sized graphene[J]. Nanotechnology, 2006, 17(3): 864-870.

[155] Sakhaee-Pour A. Elastic properties of single-layered graphene sheet[J]. Solid State

Communications, 2009, 149(1-2): 91-95.

[156] Alzebdeh K. Evaluation of the in-plane effective elastic moduli of single-layered graphene sheet[J]. International Journal of Mechanics and Materials in Design, 2012, 8(3): 269-278.

[157] Cornell W D, Cieplak P, Bayly C I, et al. A second generation force field for the simulation of proteins, nucleic acids, and organic molecules[J]. J Am Chem SOC, 1995, 117: 5179-5197.

[158] Friesecke G, James R D. A scheme for the passage from atomic to continuum theory for thin films, nanotubes and nanorods[J]. J Mech Phys Solids, 2000, 48(6-7): 1519-1540.

[159] Allen F H, Waston D G, Beammer L, et al. Typical interatomic distances: organic compounds[J]. International Tables for Crystallography, 2006, C: 790-811.

[160] Cheng H C, Liu Y L, Hsu Y C, et al. Atomistic-continuum modeling for mechanical properties of single-walled carbon nanotubes[J]. International Journal of Solids and Structures, 2009, 46(7-8): 1695-1704.

[161] Shokrieh M M, Rafiee R. Prediction of Young's modulus of graphene sheets and carbon nanotubes using nanoscale continuum mechanics approach[J]. Materials & Design, 2010, 31(2): 790-795.

[162] Scarpa F, Adhikari S. A mechanical equivalence for Poisson's ratio and thickness of C-C bonds in single wall carbon nanotubes[J]. Journal of Physics D: Applied Physics, 2008, 41(8): 085306.

[163] Jiang J W, Tang H, Wang B S, et al. A lattice dynamical treatment for the total potential energy of single-walled carbon nanotubes and its applications: relaxed equilibrium structure, elastic properties, and vibrational modes of ultra-narrow tubes[J]. Journal of Physics-Condensed Matter, 2008, 20(4): 045228.

[164] Friedman Z, Kosmatka J B. An improved two-node timoshenko beam finite element[J]. Computers & Structures, 1992, 47: 473-481.

[165] Cowper G R. The Shear coefficient in timoshenko's beam theory[J]. Journal of Applied Mechanics, 1966, 33(2): 335-340.

[166] Hutchinson J R. Shear coefficients for timoshenko beam theory[J]. Journal of Applied Mechanics, 2001, 68(1): 87.

[167] Zhao Z L, Zhao H P, Wang J S, et al. Mechanical properties of carbon nanotube ropes with hierarchical helical structures[J]. Journal of the Mechanics and Physics of Solids, 2014, 71: 64-83.

[168] Shi L, Rohringer P, Suenaga K, et al. Confined linear carbon chains as a route to bulk carbyne[J]. Nat Mater, 2016, 15(6): 634-639.

[169] Papkov D, Beese A M, Goponenko A, et al. Extraordinary improvement of the graphitic structure of continuous carbon nanofibers templated with double wall carbon nanotubes[J]. Acs Nano, 2013, 7(1): 126-142.

[170] Lomov S V, Gorbatikh L, Kotanjac Z, et al. Compressibility of carbon woven fabrics with carbon nanotubes/nanofibres grown on the fibres[J]. Composites Science and Technology, 2011, 71(3): 315-325.

[171] Cahay M, Zhu W, Perarulan N, et al. Progress in the development of a multiscale model of the field emission properties of carbon nanotube fibers[C]. Van couver: 2016 29th International Vacuum Nanoelectronics Conference (Ivnc), 2016.

[172] Zhang X F, Li Q W, Holesinger T G, et al. Ultrastrong, stiff, and lightweight carbon-nanotube fibers[J]. Adv Mater, 2007, 19(23): 4198-4201.

[173] Vigolo B, Penicaud A, Coulon C, et al. Macroscopic fibers and ribbons of oriented carbon nanotubes[J]. Science, 2000, 290: 1331-1334.

[174] Dalton A B, Collins S, Munoz E, et al. Super-tough carbon-nanotube fibres- these extraordinary composite fibres can be woven into electronic textiles[J]. Nature, 2003, 423: 703.

[175] Ericson L M, Fan H, Peng H Q, et al. Macroscopic, neat, single-walled carbon nanotube fibers[J]. Science, 2004, 305: 1447-1450.

[176] Terrones M, Banhart F, Grobert N, et al. Molecular junctions by joining single-walled carbon nanotubes[J]. Phys Rev Lett, 2002, 89(7): 075505.

[177] Jiang K, Li Q, Fan S. Spinning continuous carbon nanotube yarns-carbon nanotubes weave their way into a range of imaginative macroscopic applications[J]. Nature, 2002, 419: 801.

[178] Li Y L, Kinloch I A, Windle A H. Direct spinning of carbon nanotube fibers from chemical vapor deposition synthesis[J]. Science, 2004, 304(5668): 276-278.

[179] Motta M, Moisala A, Kinloch I A, et al. High performance fibres from 'Dog Bone' carbon nanotubes[J]. Adv Mater, 2007, 19(21): 3721-3726.

[180] Ma W, Liu L, Yang R, et al. Monitoring a micromechanical process in macroscale carbon nanotube films and fibers[J]. Adv Mater, 2009, 21(5): 603-608.

[181] Feng J M, Wang R, Li Y L, et al. One-step fabrication of high quality double-walled carbon nanotube thin films by a chemical vapor deposition process[J]. Carbon, 2010, 48(13): 3817-3824.

[182] Tran C D, Humphries W, Smith S M, et al. Improving the tensile strength of carbon nanotube spun yarns using a modified spinning process[J]. Carbon, 2009, 47(11): 2662-2670.

[183] Nakayama Y. Synthesis, Nanoprocessing, and Yarn Application of Carbon Nanotubes[J]. Japanese Journal of Applied Physics, 2008, 47(10): 8149-8156.

[184] Zhang S, Koziol K K, Kinloch I A, et al. Macroscopic fibers of well-aligned carbon nanotubes by wet spinning[J]. Small, 2008, 4(8): 1217-1222.

[185] Zhang S, Zhu L, Minus M L, et al. Solid-state spun fibers and yarns from 1-mm long carbon nanotube forests synthesized by water-assisted chemical vapor deposition[J]. Journal of Materials Science, 2008, 43(13): 4356-4362.

[186] Rahatekar S S, Rasheed A, Jain R, et al. Solution spinning of cellulose carbon nanotube composites using room temperature ionic liquids[J]. Polymer, 2009, 50(19): 4577-4583.

[187] Boncel S, Sundaram R M, Windle A H, et al. Enhancement of the mechanical properties of directly spun CNT fibers by chemical treatment[J]. ACS Nano, 2011, 5(12): 9339-9344.

[188] Xu G, Zhao J, Li S, et al. Continuous electrodeposition for lightweight, highly conducting and strong carbon nanotube-copper composite fibers[J]. Nanoscale, 2011, 3(10): 4215-4219.

[189] Wang J J, Zhao J N, Qiu L, et al. Shampoo assisted aligning of carbon nanotubes toward strong, stiff and conductive fibers[J]. RSC Advances, 2020, 10(32): 18715-18720.

[190] Jiang X R, Gong W B, Qu S X, et al. Understanding the influence of single-walled carbon nanotube dispersion states on the microstructure and mechanical properties of wet-spun fibers[J]. Carbon, 2020, 169: 17-24.

[191] Abdullah H B, Ramli I, Ismail I, et al. Synthesis and mechanism perspectives of a carbon

nanotube aerogel via a floating catalyst chemical vapour deposition method[J]. Bulletin of Materials Science, 2019, 42(5): 241.

[192] Xu W, Chen Y, Zhan H, et al. High-strength carbon nanotube film from improving alignment and densification[J]. Nano Lett, 2016, 16(2): 946-952.

[193] Hill F A, Havel T F, Hart A J, et al. Enhancing the tensile properties of continuous millimeter-scale carbon nanotube fibers by densification[J]. ACS Appl Mater Interfaces, 2013, 5(15): 7198-7207.

[194] Davis D C, Wilkerson J W, Zhu J A, et al. Improvements in mechanical properties of a carbon fiber epoxy composite using nanotube science and technology[J]. Composite Structures, 2010, 92(11): 2653-2662.

[195] Wicks S S, De Villoria R G, Wardle B L. Interlaminar and intralaminar reinforcement of composite laminates with aligned carbon nanotubes[J]. Composites Science and Technology, 2010, 70(1): 20-28.

[196] Thess A, Lee R, Nikolaev P, et al. Crystalline ropes of metallic carbon nanotubes[J]. Science, 1996, 273: 483-487.

[197] Bandow S, Asaka S, Saito Y, et al. Effect of the growth temperature on the diameter distribution and chirality of single-wall carbon nanotubes[J]. Physical Review Letters, 1998, 80(17): 4780.

[198] Takizawa M, Bandow S, Torii T, et al. Effect of environment temperature for synthesizing single-wall carbon nanotubes by arc vaporization method[J]. Chemical Physics Letters, 1999, 302(1-2): 146-150.

[199] Kokai F, Takahashi K, Yudasaka M, et al. Growth dynamics of single-wall carbon nanotubes synthesized bylaser ablation[C]. Tokyo: International Microprocesses & Nanotechnology Conference.

[200] Ryu S, Lee Y, Hwang J W, et al. High-strength carbon nanotube fibers fabricated by infiltration and curing of mussel-inspired catecholamine polymer[J]. Adv Mater, 2011, 23(17): 1971-1975.

[201] Li Y L, Zhong X H, Windle A H. Structural changes of carbon nanotubes in their macroscopic films and fibers by electric sparking processing[J]. Carbon, 2008, 46(13): 1751-1756.

[202] Lota G, Fic K, Frackowiak E. Carbon nanotubes and their composites in electrochemical applications[J]. Energy & Environmental Science, 2011, 4(5): 1592-1605.

[203] Taylor L W, Williams S M, Yan J S, et al. Washable, sewable, all-carbon electrodes and signal wires for electronic clothing[J]. Nano Letters, 2021, 21(17): 7093-7099.

[204] Lu W, Zu M, Byun J H, et al. State of the art of carbon nanotube fibers: opportunities and challenges[J]. Adv Mater, 2012, 24(14): 1805-1833.

[205] Zhang X, Jiang K, Feng C, et al. Spinning and processing continuous yarns from 4-inch wafer scale super-aligned carbon nanotube arrays[J]. Advanced Materials, 2006, 18(12): 1505-1510.

[206] Vilatela J J, Windle A H J A M. Yarn-like carbon nanotube fibers[J]. Advanced Materials, 2010, 22(44): 4959-4963.

[207] Zhang X, Li Q, Tu Y, et al. Strong carbon-nanotube fibers spun from long carbon-nanotube arrays[J]. Small, 2007, 3(2): 244-248.

[208] Motta M, Li Y L, Kinloch I, et al. Mechanical properties of continuously spun fibers of carbon nanotubes[J]. Nano Lett, 2005, 5(8): 1529-1533.

[209] Gilvaei A F, Hirahara K, Nakayama Y J C. In-situ study of the carbon nanotube yarn drawing

process[J]. Carbon, 2011, 49(14): 4928-4935.

[210] Koziol K, Vilatela J, Moisala A, et al. High-performance carbon nanotube fiber[J]. Science, 2007, 318(5858): 1892-1895.

[211] Chou T W, Gao L, Thostenson E T, et al. An assessment of the science and technology of carbon nanotube-based fibers and composites[J]. Composites Science and Technology, 2010, 70(1): 1-19.

[212] Gui X, Wei J, Wang K, et al. Carbon nanotube sponges[J]. Advanced Materials, 2010, 22(5): 617-621.

[213] Kinoshita H, Kume I, Tagawa M, et al. High friction of a vertically aligned carbon-nanotube film in microtribology[J]. Applied Physics Letters, 2004, 85(14): 2780-2781.

[214] Cao A, Dickrell P L, Sawyer W G, et al. Super-compressible foamlike carbon nanotube films[J]. Science, 2005, 310(5752): 1307-1310.

[215] Thostenson E T, Ren Z, Chou T W J C S, et al. Advances in the science and technology of carbon nanotubes and their composites: a review[J]. Composites Science and Technology, 2001, 61(13): 1899-1912.

[216] Davis V A, Parra-Vasquez A N, Green M J, et al. True solutions of single-walled carbon nanotubes for assembly into macroscopic materials[J]. Nature Nanotechnology, 2009, 4(12): 830-834.

[217] Wong E W, Sheehan P E, Lieber C M J S. Nanobeam mechanics: elasticity, strength, and toughness of nanorods and nanotubes[J]. Science, 1997, 277(5334): 1971-1975.

[218] Yu M F, Lourie O, Dyer M J, et al. Strength and breaking mechanism of multiwalled carbon nanotubes under tensile load[J]. Science, 2000, 287(5453): 637-640.

[219] Byrne E, Mccarthy M, Xia Z, et al. Multiwall nanotubes can be stronger than single wall nanotubes and implications for nanocomposite design[J]. Physical Review Letters, 2009, 103(4): 045502.

[220] Suekane O, Nagataki A, Mori H, et al. Static friction force of carbon nanotube surfaces[J]. Appl Physics Express, 2008, 1(6): 064001.

[221] Wei X D, Naraghi M, Espinosa H D et al. Optimal length scales emerging from shear load transfer in natural materials: application to carbon-based nanocomposite design[J]. ACS Nano, 2012, 6(3): 2333-2344.

[222] Li C, Liu Y, Yao X, et al. Interfacial shear strengths between carbon nanotubes[J]. Nanotechnology, 2010, 21(11): 115704.

[223] Nagataki A, Kawai T, Miyamoto Y, et al. Controlling atomic joints between carbon nanotubes by electric current[J]. Physical Review Letters, 2009, 102(17): 176808.

[224] Hertel T, Walkup R E, Avouris P J P R B. Deformation of carbon nanotubes by surface van der Waals forces[J]. Physical Review B, 1998, 58(20): 13870-13873.

[225] Wang W, Guo S, Lee I, et al. Hydrous ruthenium oxide nanoparticles anchored to graphene and carbon nanotube hybrid foam for supercapacitors[J]. Sci Rep, 2014, 4: 4452.

[226] Guo Y, Guo W. Structural transformation of partially confined copper nanowires inside defected carbon nanotubes[J]. Nanotechnology, 2006, 17 (18): 4726-4730.

[227] Tian Y, Pesika N, Zeng H, et al. Adhesion and friction in gecko toe attachment and detachment[J]. Proceedings of the National Academy of Sciences of the United States of

America, 2006, 103(51): 19320-19325.

[228] Ishikaw M, Harada R, Sasaki N, et al. Visualization of nanoscale peeling of carbon nanotube on graphite[J]. Applied Physics Letters, 2008, 93(8): 89.

[229] Strus M C, Cano C I, Byron Pipes R, et al. Interfacial energy between carbon nanotubes and polymers measured from nanoscale peel tests in the atomic force microscope[J]. Composites Science and Technology, 2009, 69(10): 1580-1586.

[230] Roenbeck M R, Wei X D, Beese A M, et al. *In situ* scanning electron microscope peeling to quantify surface energy between multiwalled carbon nanotubes and graphene[J]. ACS Nano, 2014, 8(1): 124-138.

[231] Wang C, Li Y, Tong L, et al. The role of grafting force and surface wettability in interfacial enhancement of carbon nanotube/carbon fiber hierarchical composites[J]. Carbon, 2014, 69: 239-246.

[232] Jindal P, Jindal V J J O C, Nanoscience T. Strains in axial and lateral directions in carbon nanotubes[J]. Journal of Computational and Theore tical Nano Science, 2006, 3(1): 148-152.

[233] Luo Q, Tong L J T J O A. Solutions for clamped adhesively bonded single lap joint with movement of support end and its application to a carbon nanotube junction in tension[J]. Journal of Adheslon, 2016, 92(5): 349-379.

[234] Huang Z D, Zhang B A, Oh S W, et al. Self-assembled reduced graphene oxide/carbon nanotube thin films as electrodes for supercapacitors[J]. Journal of Materials Chemistry, 2012, 22(8): 3591-3599.

[235] Li T S, Li M, Gu Y Z, et al. Mechanical enhancement effect of the interlayer hybrid, CNT film/carbon fiber/epoxy, composite[J]. Composites Science and Technology, 2018, 166: 176-182.

[236] Qian C, Qi H, Gao B, et al. Fabrication of small diameter few-walled carbon nanotubes with enhanced field emission property[J]. J Nanosci Nanotechnol, 2006, 6(5): 1346-1349.

[237] Shen L, Liu L, Wang W, et al. *In situ* self-sensing of delamination initiation and growth in multi-directional laminates using carbon nanotube interleaves[J]. Composites Science and Technology, 2018, 167: 141-147.

[238] Pham G T, Park Y B, Wang S, et al. Mechanical and electrical properties of polycarbonate nanotube buckypaper composite sheets[J]. Nanotechnology, 2008, 19(32): 325705.

[239] Che J, Chen P, Chan-Park M B. High-strength carbon nanotube buckypaper composites as applied to free-standing electrodes for supercapacitors[J]. Journal of Materials Chemistry A, 2013, 1(12): 4057-4066.

[240] Yang Z, Chen T, He R, et al. Aligned carbon nanotube sheets for the electrodes of organic solar cells[J]. Adv Mater, 2011, 23(45): 5436-5439.

[241] Naraghi M, Bratzel G H, Filleter T, et al. Atomistic investigation of load transfer between DWNT bundles "Crosslinked" by PMMA oligomers[J]. Advanced Functional Materials, 2013, 23(15): 1883-1892.

[242] Ventura D N, Stone R A, Chen K S, et al. Assembly of cross-linked multi-walled carbon nanotube mats[J]. Carbon, 2010, 48(4): 987-994.

[243] Zhang J, Jiang D, Peng H X, et al. Enhanced mechanical and electrical properties of carbon nanotube buckypaper by *in situ* cross-linking[J]. Carbon, 2013, 63: 125-132.

[244] Jakubinek M B, Ashrafi B, Guan J, et al. 3D chemically cross-linked single-walled carbon nanotube buckypapers[J]. RSC Adv, 2014, 4(101): 57564-57573.

[245] Ogino S, Sato Y, Yamamoto G, et al. Relation of the number of cross-links and mechanical properties of multi-walled carbon nanotube films formed by a dehydration condensation reaction[J]. J Phys Chem B, 2006, 110(46): 23159-23163.

[246] Trakakis G, Tasis D, Parthenios J, et al. Structural properties of chemically functionalized carbon nanotube thin films[J]. Materials (Basel), 2013, 6(6): 2360-2371.

[247] Shang Y, He X, Li Y, et al. Super-stretchable spring-like carbon nanotube ropes[J]. Adv Mater, 2012, 24(21): 2896-2900.

[248] Ma W, Song L, Yang R, et al. Directly synthesized strong, highly conducting, transparent single-walled carbon nanotube films[J]. Nano Lett, 2007, 7(8): 2307-2311.

[249] Liu L, Yang Q, Zhou Y. Improved mechanical properties of positive-pressure filtered CNT buckypaper reinforced epoxy composites via modified preparation process[J]. Polymer Composites, 2018, 39(5): 1647-1654.

[250] Aldalbahi A, In Het Panhuis M. Electrical and mechanical characteristics of buckypapers and evaporative cast films prepared using single and multi-walled carbon nanotubes and the biopolymer carrageenan[J]. Carbon, 2012, 50(3): 1197-1208.

[251] Fernández-D'arlas B, Khan U, Rueda L, et al. Study of the mechanical, electrical and morphological properties of PU/MWCNT composites obtained by two different processing routes[J]. Composites Science and Technology, 2012, 72(2): 235-242.

[252] Shen L, Liu L, Wu Z. Tensile mechanical behaviors of high loading of carbon nanotube/epoxy composites via experimental and finite element analysis[J]. Advanced Engineering Materials, 2019, 22(4): 1900895.

[253] Wang C, He X D, Tong L Y, et al. Tensile failure mechanisms of individual junctions assembled by two carbon nanotubes[J]. Composites Science and Technology, 2015, 110: 159-165.

[254] Liu Q, Li M, Wang Z, et al. Improvement on the tensile performance of buckypaper using a novel dispersant and functionalized carbon nanotubes[J]. Composites Part A: Applied Science and Manufacturing, 2013, 55: 102-109.

[255] Han J H, Zhang H, Chen M J, et al. CNT buckypaper/thermoplastic polyurethane composites with enhanced stiffness, strength and toughness[J]. Composites Science and Technology, 2014, 103: 63-71.

[256] Trakakis G, Anagnostopoulos G, Sygellou L, et al. Epoxidized multi-walled carbon nanotube buckypapers: A scaffold for polymer nanocomposites with enhanced mechanical properties[J]. Chemical Engineering Journal, 2015, 281: 793-803.

[257] Rashid M H-O, Pham S Q T, Sweetman L J, et al. Synthesis, properties, water and solute permeability of MWNT buckypapers[J]. Journal of Membrane Science, 2014, 456: 175-184.

[258] Špitalský Z, Aggelopoulos C, Tsoukleri G, et al. The effect of oxidation treatment on the properties of multi-walled carbon nanotube thin films[J]. Materials Science and Engineering: B, 2009, 165(3): 135-138.

[259] Trakakis G, Tasis D, Aggelopoulos C, et al. Open structured in comparison with dense multi-walled carbon nanotube buckypapers and their composites[J]. Composites Science and Technology, 2013, 77: 52-59.

[260] Arif M F, Kumar S, Shah T. Tunable morphology and its influence on electrical, thermal and mechanical properties of carbon nanostructure-buckypaper[J]. Materials & Design, 2016, 101: 236-244.

[261] Sharma S, Singh B P, Babal A S, et al. Structural and mechanical properties of free-standing multiwalled carbon nanotube paper prepared by an aqueous mediated process[J]. Journal of Materials Science, 2017, 52(12): 7503-7515.

[262] Zhan H, Zhang G, Tan V B, et al. The best features of diamond nanothread for nanofibre applications[J]. Nat Commun, 2017, 8: 14863.

[263] Meng Z, Soler-Crespo R A, Xia W, et al. A coarse-grained model for the mechanical behavior of graphene oxide[J]. Carbon, 2017, 117: 476-487.

[264] Cranford S, Yao H, Ortiz C, et al. A single degree of freedom 'lollipop' model for carbon nanotube bundle formation[J]. Journal of the Mechanics and Physics of Solids, 2010, 58(3): 409-427.

[265] Zhou J, Xu X, Yu H, et al. Deformable and wearable carbon nanotube microwire-based sensors for ultrasensitive monitoring of strain, pressure and torsion[J]. Nanoscale, 2017, 9(2): 604-612.

[266] Qu L T, Dai L M, Stone M, et al. Carbon nanotube arrays with strong shear binding-on and easy normal lifting-off[J]. Science, 2008, 322: 238-242.

[267] Shaktivesh, Nair N S, Sesha Kumar C V, et al. Ballistic impact performance of composite targets[J]. Materials & Design, 2013, 51: 833-846.

[268] Zhan Z, Ma Y, Ren J, et al. A new-structured nanocarbon cushion with highly impact-resistant properties[J]. Carbon, 2020, 170: 146-153.

[269] Wang S, Gao E, Xu Z. Interfacial failure boosts mechanical energy dissipation in carbon nanotube films under ballistic impact[J]. Carbon, 2019, 146: 139-146.

[270] Yang K, Guan J, Numata K, et al. Integrating tough Antheraea pernyi silk and strong carbon fibres for impact-critical structural composites[J]. Nat Commun, 2019, 10(1): 3786.

[271] Wu K, Zheng Z, Zhang S, et al. Interfacial strength-controlled energy dissipation mechanism and optimization in impact-resistant nacreous structure[J]. Materials & Design, 2019, 163: 107532.

[272] Reis P N B, Neto M A, Amaro A M. Effect of the extreme conditions on the tensile impact strength of GFRP composites[J]. Composite Structures, 2018, 188: 48-54.

[273] Hazarika A, Deka B K, Jeong C, et al. Biomechanical energy-harvesting wearable textile-based personal thermal management device containing epitaxially grown aligned ag-tipped-nixco1-xSe nanowires/reduced graphene oxide[J]. Advanced Functional Materials, 2019, 29(31): 1903144.

[274] Flores-Johnson E A, Shen L, Guiamatsia I, et al. Numerical investigation of the impact behaviour of bioinspired nacre-like aluminium composite plates[J]. Composites Science and Technology, 2014, 96: 13-22.

[275] Ren L, Pint C L, Booshehri L G, et al. Carbon nanotube terahertz polarizer[J]. Nano Letters, 2009, 9(7): 2610-2613.

[276] Zhang P, Ma L, Fan F, et al. Fracture toughness of graphene[J]. Nature Communications, 2014, 5(1): 1-7.

[277] Yang Y, Li X, Wen M, et al. Brittle fracture of 2D MoSe$_2$[J]. Advanced Materials, 2017, 29(2): 1604201.

[278] Wang C, Xie B, Liu Y, et al. Mechanotunable microstructures of carbon nanotube networks[J]. ACS Macro Letters, 2012, 1(10): 1176-1179.

[279] Liu X, Yang Q S, Liew K M, et al. Superstretchability and stability of helical structures of carbon nanotube/polymer composite fibers: coarse-grained molecular dynamics modeling and simulation[J]. Carbon, 2017, 115: 220-228.

[280] Qu L, Dai L, Stone M, et al. Carbon nanotube arrays with strong shear binding-on and easy normal lifting-off[J]. Science, 2008, 322(5899): 238-242.

[281] Sui C, Luo Q, He X, et al. A study of mechanical peeling behavior in a junction assembled by two individual carbon nanotubes[J]. Carbon, 2016, 107: 651-657.

[282] Lu W, Chou T W. Analysis of the entanglements in carbon nanotube fibers using a self-folded nanotube model[J]. Journal of the Mechanics Physics of Solids, 2011, 59(3): 511-524.

[283] Zhu J, Kim J, Peng H, et al. Improving the dispersion and integration of single-walled carbon nanotubes in epoxy composites through functionalization[J]. Nano Letters, 2003, 3(8): 1107-1113.

[284] Geng H, Rosen R, Zheng B, et al. Fabrication and properties of composites of poly (ethylene oxide) and functionalized carbon nanotubes[J]. Advanced Materials, 2002, 14(19): 1387-1390.

[285] Gojny F, Wichmann M, Köpke U, et al. Carbon nanotube-reinforced epoxy-composites: enhanced stiffness and fracture toughness at low nanotube content[J]. Composites Science, 2004, 64(15): 2363-2371.

[286] Gong X, Liu J, Baskaran S, et al. Surfactant-assisted processing of carbon nanotube/polymer composites[J]. Chemistry of Materials, 2000, 12(4): 1049-1052.

[287] O'connor I, Hayden H, O'connor S, et al. Kevlar coated carbon nanotubes for reinforcement of polyvinylchloride[J]. Journal of Materials Chemistry, 2008, 18(46): 5585-5588.

[288] Mota-Morales J D, Gutiérrez M C, Ferrer M L, et al. Synthesis of macroporous poly (acrylic acid)-carbon nanotube composites by frontal polymerization in deep-eutectic solvents[J]. Journal of Materials Chemistry A, 2013, 1(12): 3970-3976.

[289] Li X, Gao H, Scrivens W A, et al. Nanomechanical characterization of single-walled carbon nanotube reinforced epoxy composites[J]. Nanotechnology, 2004, 15(11): 1416.

[290] Yang Y, Xu Z H, Pan Z, et al. Hydrogen passivation induced dispersion of multi-walled carbon nanotubes[J]. Advanced Materials, 2012, 24(7): 881-885.

[291] Yeh M K, Tai N H, Liu J H. Mechanical behavior of phenolic-based composites reinforced with multi-walled carbon nanotubes[J]. Carbon, 2006, 44(1): 1-9.

[292] Wang S, Liang Z, Liu T, et al. Effective amino-functionalization of carbon nanotubes for reinforcing epoxy polymer composites[J]. Nanotechnology, 2006, 17(6): 1551.

[293] Tai N H, Yeh M K, Liu J H. Enhancement of the mechanical properties of carbon nanotube/phenolic composites using a carbon nanotube network as the reinforcement[J]. Carbon, 2004, 42(12-13): 2774-2777.

[294] Cadek M, Coleman J, Ryan K, et al. Reinforcement of polymers with carbon nanotubes: the role of nanotube surface area[J]. Nano Letters, 2004, 4(2): 353-356.

[295] Coleman J N, Cadek M, Blake R, et al. High performance nanotube-reinforced plastics: Understanding the mechanism of strength increase[J]. Advanced Functional Materials, 2004, 14(8): 791-798.

[296] Jung Y C, Shimamoto D, Muramatsu H, et al. Robust, conducting, and transparent polymer composites using surface-modified and individualized double-walled carbon nanotubes[J]. Advanced Materials, 2008, 20(23): 4509-4512.

[297] Sui C, Yang Y, Headrick R J, et al. Directional sensing based on flexible aligned carbon nanotube film nanocomposites[J]. Nanoscale, 2018, 10(31): 14938-14946.

[298] Yamada T, Hayamizu Y, Yamamoto Y, et al. A stretchable carbon nanotube strain sensor for human-motion detection[J]. Nature nanotechnology, 2011, 6(5): 296.

[299] Zhao H, Zhang Y, Bradford P D, et al. Carbon nanotube yarn strain sensors[J]. Nanotechnology, 2010, 21(30): 305502.

[300] Wang C, Li X, Gao E, et al. Carbonized silk fabric for ultrastretchable, highly sensitive, and wearable strain sensors[J]. Advanced Materials, 2016, 28(31): 6640-6648.

[301] Luo Q, Tong L. Exact static solutions to piezoelectric smart beams including peel stresses[J]. International Journal of Solids and Structures, 2002, 39 (18): 4677-4695.

[302] Oliva-Avilés A, Avilés F, Sosa V. Electrical and piezoresistive properties of multi-walled carbon nanotube/polymer composite films aligned by an electric field[J]. Carbon, 2011, 49(9): 2989-2997.

[303] Lee J I, Pyo S, Kim M O, et al. Multidirectional flexible force sensors based on confined, self-adjusting carbon nanotube arrays[J]. Nanotechnology, 2018, 29(5): 055501.

[304] Zhao Y, Miao L, Hao W, et al. Two-dimensional carbon nanotube woven highly-stretchable film with strain-induced tunable impacting performance[J]. Carbon, 2022, 189: 539-547.

[305] Jung Y J, Kar S, Talapatra S, et al. Aligned carbon nanotube-polymer hybrid architectures for diverse flexible electronic applications[J]. Nano Letters, 2006, 6(3): 413-418.

[306] Chen H, Su Z, Song Y, et al. Omnidirectional bending and pressure sensor based on stretchable CNT-PU sponge[J]. Advanced Functional Materials, 2017, 27(3): 1604434.

[307] Ha S H, Ha S H, Jeon M B, et al. Highly sensitive and selective multidimensional resistive strain sensors based on a stiffness-variant stretchable substrate[J]. Nanoscale, 2018, 10(11): 5105-5113.

[308] Wei N, Chen Y, Cai K, et al. Thermal conductivity of graphene kirigami: Ultralow and strain robustness[J]. Carbon, 2016, 104: 203-213.

[309] Hanakata P Z, Qi Z, Campbell D K, et al. Highly stretchable MoS$_2$ kirigami[J]. Nanoscale, 2016, 8(1): 458-463.

[310] Blees M K, Barnard A W, Rose P A, et al. Graphene kirigami[J]. Nature, 2015, 524(7564): 204-207.

[311] Qi Z N, Campbell D K, Park H S. Atomistic simulations of tension-induced large deformation and stretchability in graphene kirigami[J]. Physical Review B, 2014, 90(24): 245437.

[312] Zhang C L, Shen H S. Self-healing in defective carbon nanotubes: a molecular dynamics study[J]. Journal of Physics-Condensed Matter, 2007, 19(38): 386212.

[313] Yazdi A Z, Chizari K, Jalilov A S, et al. Helical and dendritic unzipping of carbon nanotubes: a route to nitrogen-doped graphene nanoribbons[J]. ACS Nano, 2015, 9(6): 5833-5845.

[314] Arjmand M, Sadeghi S, Khajehpour M, et al. Carbon nanotube/graphene nanoribbon/ polyvinylidene fluoride hybrid nanocomposites: rheological and dielectric properties[J]. Journal of Physical Chemistry C, 2017, 121(1): 169-181.

[315] Yang Z, Liu M, Zhang C, et al. Carbon nanotubes bridged with graphene nanoribbons and their use in high-efficiency dye-sensitized solar cells[J]. Angewandte Chemie-International Edition, 2013, 52(14): 3996-3999.

[316] Liao Y, Chen Z, Connell J W, et al. Chemical sharpening, shortening, and unzipping of boron nitride nanotubes[J]. Advanced Functional Materials, 2014, 24(28): 4497-4506.

[317] Su Y, Kravets V G, Wong S L, et al. Impermeable barrier films and protective coatings based on reduced graphene oxide[J]. Nature Communications, 2014, 5: 4843.

[318] Kumar P, Shahzad F, Yu S, et al. Large-area reduced graphene oxide thin film with excellent thermal conductivity and electromagnetic interference shielding effectiveness[J]. Carbon, 2015, 94: 494-500.

[319] Qin Z, Qin Q H, Feng X Q. Mechanical property of carbon nanotubes with intramolecular junctions: Molecular dynamics simulations[J]. Physics Letters A, 2008, 372(44): 6661-6666.

[320] Tang C, Guo W, Chen C. Structural and mechanical properties of partially unzipped carbon nanotubes[J]. Physical Review B, 2011, 83(7): 075410.

[321] Plimpton S. Fast parallel algorithms for short-range molecular-dynamics[J]. Journal of Computational Physics, 1995, 117(1): 1-19.

[322] Ding N, Chen X, Wu C, et al. Computational investigation on the effect of graphene oxide sheets as nanofillers in poly(vinyl alcohol)/graphene oxide composites[J]. Journal of Physical Chemistry C, 2012, 116(42): 22532-22538.

[323] Shoghmand Nazarloo A, Ahmadian M T, Firoozbakhsh K. On the mechanical characteristics of graphene nanosheets: a fully nonlinear modified Morse model[J]. Nanotechnology, 2020, 31(11): 115708.

[324] Sun H. COMPASS: An ab initio force-field optimized for condensed-phase applicationssoverview with details on alkane and benzene compounds[J]. J Phys Chem B, 1998, 102: 7338-7364.

[325] Chen X, Zheng M, Park C, et al. Direct measurements of the mechanical strength of carbon nanotube-poly(methyl methacrylate) interfaces[J]. Small, 2013, 9(19): 3345-3351.

[326] Nie M, Kalyon D M, Pochiraju K, et al. A controllable way to measure the interfacial strength between carbon nanotube and polymer using a nanobridge structure[J]. Carbon, 2017, 116: 510-517.

[327] Nozaka Y, Wang W, Shirasu K, et al. Inclined slit-based pullout method for determining interfacial strength of multi-walled carbon nanotube-alumina composites[J]. Carbon, 2014, 78: 439-445.

[328] Ganesan Y, Peng C, Lu Y, et al. Interface toughness of carbon nanotube reinforced epoxy composites[J]. ACS Appl Mater Interfaces, 2011, 3(2): 129-134.

[329] Wagner H D, Ajayan P M, Schulte K. Nanocomposite toughness from a pull-out mechanism[J]. Composites Science and Technology, 2013, 83: 27-31.

[330] Zhan H, Zhang G, Tan V B C, et al. Diamond nanothread as a new reinforcement for nanocomposites[J]. Advanced Functional Materials, 2016, 26(29): 5279-5283.

[331] Liu D, Yang L, He X, et al. Atomistic-scale simulations of mechanical behavior of suspended single-walled carbon nanotube bundles under nanoprojectile impact[J]. Computational Materials Science, 2018, 142: 237-243.

[332] Yang L, He X, Mei L, et al. Interfacial shear behavior of 3D composites reinforced with

CNT-grafted carbon fibers[J]. Composites Part A-Applied Science and Manufacturing, 2012, 43(8): 1410-1418.

[333] Leckband D, Israelachvili J. Intermolecular forces in biology[J]. Quarterly Reviews of Biophysics, 2001, 34(2): 105-267.

[334] Wang C, Peng Q, Wu J, et al. Mechanical characteristics of individual multi-layer graphene-oxide sheets under direct tensile loading[J]. Carbon, 2014, 80: 279-289.

[335] Li Y, Peng Q, He X, et al. Synthesis and characterization of a new hierarchical reinforcement by chemically grafting graphene oxide onto carbon fibers[J]. Journal of Materials Chemistry, 2012, 22(36): 18748-18752.

[336] Peng Q, He X, Li Y, et al. Chemically and uniformly grafting carbon nanotubes onto carbon fibers by poly (amidoamine) for enhancing interfacial strength in carbon fiber composites[J]. Journal of Materials Chemistry, 2012, 22(13): 5928-5931.

[337] He X, Wang C, Tong L, et al. Direct measurement of grafting strength between an individual carbon nanotube and a carbon fiber[J]. Carbon, 2012, 50(10): 3782-3788.

[338] Suk J W, Piner R D, An J, et al. Mechanical properties of monolayer graphene oxide[J]. ACS Nano, 2010, 4(11): 6557-6564.

[339] Lee C, Wei X, Kysar J W, et al. Measurement of the elastic properties and intrinsic strength of monolayer graphene[J]. Science, 2008, 321(5887): 385-388.

[340] Lopez-Polin G, Gomez-Herrero J, Gomez-Navarro C. Confining crack propagation in defective graphene[J]. Nano Lett, 2015, 15(3): 2050-2054.

[341] Pei Q, Zhang Y, Shenoy V. A molecular dynamics study of the mechanical properties of hydrogen functionalized graphene[J]. Carbon, 2010, 48(3): 898-904.

[342] Liu L, Wang L, Gao J, et al. Amorphous structural models for graphene oxides[J]. Carbon, 2012, 50(4): 1690-1698.

[343] Buchsteiner A, Lerf A, Pieper J. Water dynamics in graphite oxide investigated with neutron scattering[J]. Journal of Physical Chemistry B, 2006, 110(45): 22328-22338.

[344] Wang Y, Lin Z-Z, Zhang W, et al. Pulling long linear atomic chains from graphene: Molecular dynamics simulations[J]. Physical Review B, 2009, 80(23): 233403.

[345] Zhao X, Ando Y, Liu Y, et al. Carbon nanowire made of a long linear carbon chain inserted inside a multiwalled carbon nanotube[J]. Phys Rev Lett, 2003, 90(18): 187401.

[346] Erickson K, Erni R, Lee Z, et al. Determination of the local chemical structure of graphene oxide and reduced graphene oxide[J]. Adv Mater, 2010, 22(40): 4467-4472.

[347] Yu X, Cheng H, Zhang M, et al. Graphene-based smart materials[J]. Nature Reviews Materials, 2017, 2(9): 17046.

[348] Dong Y L, Zhang H G, Rahman Z U, et al. Graphene oxide-Fe_3O_4 magnetic nanocomposites with peroxidase-like activity for colorimetric detection of glucose[J]. Nanoscale, 2012, 4(13): 3969-3976.

[349] 沈海军 根林. 碳纳米管弹簧快速建模与压缩特性有限元分析[J]. 盐城工学院学报: 自然科学版, 2008, (1): 16-20.

[350] Das S, Lahiri D, Lee D Y, et al. Measurements of the adhesion energy of graphene to metallic substrates[J]. Carbon, 2013, 59: 121-129.

[351] Ishikawa M, Ichikawa M, Okamoto H, et al. Atomic-scale peeling of graphene[J]. Applied

Physics Express, 2012, 5(6): 065102.

[352] Huang T Q, Zheng B N, Kou L, et al. Flexible high performance wet-spun graphene fiber supercapacitors[J]. RSC Advances, 2013, 3(46): 23957-23962.

[353] Firestein K L, Kvashnin D G, Kovalskii A M, et al. Compressive properties of hollow BN nanoparticles: theoretical modeling and testing using a high-resolution transmission electron microscope[J]. Nanoscale, 2018, 10(17): 8099-8105.

[354] Deneen J, Mook W M, Minor A, et al. *In situ* deformation of silicon nanospheres[J]. Journal of Materials Science, 2006, 41(14): 4477-4483.

[355] Dikin D A, Stankovich S, Zimney E J, et al. Preparation and characterization of graphene oxide paper[J]. Nature, 2007, 448(7152): 457-460.

[356] Chen H, Müller M B, Gilmore K J, et al. Mechanically strong, electrically conductive, and biocompatible graphene paper[J]. Advanced Materials, 2008, 20(18): 3557-3561.

[357] Chen C, Yang Q H, Yang Y, et al. Self-assembled free-standing graphite oxide membrane[J]. Advanced Materials, 2009, 21(29): 3007-3011.

[358] Ruiz L, Xia W, Meng Z, et al. A coarse-grained model for the mechanical behavior of multi-layer graphene[J]. Carbon, 2015, 82: 103-115.

[359] Marrink S J, Risselada H J, Yefimov S, et al. The MARTINI force field: coarse grained model for biomolecular simulations[J]. Journal of Physical Chemistry B, 2007, 111(27): 7812-7824.

[360] Jones J E. On the determination of molecular fields. —II. From the equation of state of a gas[J]. Proc R Soc, 1924, 106(738): 463-477.

[361] Chrobak D, Tymiak N, Beaber A, et al. Deconfinement leads to changes in the nanoscale plasticity of silicon[J]. Nature Nanotechnology, 2011, 6(8): 480-484.

[362] Lai Y, Pan F, Xu C, et al. *In situ* surface-modification-induced superhydrophobic patterns with reversible wettability and adhesion[J]. Adv Mater, 2013, 25(12): 1682-1686.

附录　与本书内容相关的已发表的学术论文、发明专利及奖励

1. 学术论文

[1] Y. Zhao[#], Q. Luo[#], J. Wu, C. Sui., L. Tong, X. He, C. Wang[*]. Mechanical properties of helically twisted carbyne fibers. International Journal of Mechanical Sciences, 2020, 186: 105823.

[2] Y. Zhao, C. Wang[*], L. Miao, J. Li, Z. Xu, X. He. Molecular dynamics simulations of twisting-induced helical carbon nanotube fibers for reinforced nanocomposites. ACS Applied Nano Materials, 2020, 3: 5521. (封面报道)

[3] Y. Zhao, C. Wang[*], H. H. Wu, J. Wu, X. He. Molecular-dynamics study of the carbon nanotube mechanical metahelix. Carbon, 2019, 155: 334.

[4] Y. Zhao[#], F. Xue[#], L. Miao, C. Wang[*], C. Sui, Q. Peng, X. He. Roles of twisting-compression operations on mechanical enhancement of carbon nanotube fibers. Carbon, 2020, 172: 41.

[5] C. Wang, X. He, L. Tong, Q. Luo, Y. Li, Q. Song, X. Lv, Y. Shang, Q. Peng, J. Li. Tensile failure mechanisms of individual junctions assembled by two carbon nanotubes. Composites Science & Technology, 2015, 110: 159.

[6] C. Wang, Y. Li, L. Tong, Q. Song, K. Li, J. Li, Q. Peng, X. He, R. Wang, W. Jiao, S. Du. The role of grafting force and surface wettability in interfacial enhancement of carbon nanotube/carbon fiber hierarchical composites. Carbon, 2014, 69: 239.

[7] F. Wu, Y. Zhao, Y. Zhao, Y. Zhao, C. Sui, X. He, C. Wang[*], H. Tan. Impact-resistant carbon nanotube woven films: a molecular dynamics study. Nanoscale, 2021, 13: 5006.

[8] C. Sui, Z. Pan, R. Headrick, Y. Yang, C. Wang[*], J. Yuan, X. He, M. Pasquali, J. Lou. Aligned-SWCNT film laminated nanocomposites: Role of the film on mechanical and electrical properties-ScienceDirect. Carbon, 2018, 139: 680.

[9] C. Sui[#], Y. Yang[#], R. Headrick, Z. Pan, J. Wu, Z. Jing, J. Shuai, X. Li, W. Gao, O. Dewey, C. Wang[*], X. He, J. Kono, M. Pasquali, J. Lou. Directional sensing based on flexible aligned carbon nanotube film nanocomposites. Nanoscale, 2018, 10: 14938.

[10] Y. Zhao, W. Chao, J. Wu, S. Chao, S. Zhao, Z. Zhang, X. He. Carbon nanotubes kirigami mechanical metamaterials. Physical Chemistry Chemical Physics, 2017, 19: 11032. (封面报道)

[11] C. Wang[*], Y. Zhao, Y. Zhang, L. Miao, C. Sui. Partially unzipping carbon nanotubes: a route to synchronously improve fracture strength and toughness of nanocomposites inspired by pinning effect of screw. Materials Today Communications, 2020, 25: 101355.

#表示共同作者；*表示通讯作者。

[12] C. Wang[#], Q. Peng[#], J. Wu, X. He, L. Tong, Q. Luo, J. Li, S. Moody, H. Liu, R. Wang, S. Du, Y. Li. Mechanical characteristics of individual multi-layer graphene-oxide sheets under direct tensile loading. Carbon, 2014, 80: 279.

[13] Y. Zhao[#], Y. Zhao[#], F. Wu, Y. Zhao, H. Tan, C. Wang[*]. The mechanical behavior and collapse of graphene-assembled hollow nanospheres under compression, Carbon, 2020, 173: 600.

[14] Y. Zhao, F. Wu, Y. Zhao, L. Miao, J. Li, C. Sui, H. Tan, C. Wang[*]. Self-assembled graphene oxide-based paper/hollow sphere hybrid with strong bonding strength. Carbon, 2021, 182: 366-372.

[15] L. Shen, Y. Zhao, P. Owuor, C. Wang[*], C. Sui, S. Jia, J. Liang, L. Liu, J. Lou. A Molecular-level interface design enabled high-strength and high-toughness carbon nanotube buckypaper. Macromolecular Materials and Engineering, 2021, 2100244.

2. 国家发明专利

[1] 王超，赵越，赫晓东，谭惠丰，隋超，吴凡，赵一凡，一种树枝状大分子增强的带孔氧化石墨烯纸的制备方法，授权号：ZL201911319869.1.

[2] 谭惠丰，赵越，王超，隋超，吴凡，赵一凡，一种具有表面微球结构的氧化石墨烯纸及其制备方法，授权号：ZL201911319869.1.

3. 奖励

[1] 入选《2016 年度中国博士后科学基金资助者选介》.

[2] 2016 年度黑龙江省科学技术奖一等奖(排名第 5).

编 后 记

　　《博士后文库》是汇集自然科学领域博士后研究人员优秀学术成果的系列丛书。《博士后文库》致力于打造专属于博士后学术创新的旗舰品牌，营造博士后百花齐放的学术氛围，提升博士后优秀成果的学术和社会影响力。

　　《博士后文库》出版资助工作开展以来，得到了全国博士后管委会办公室、中国博士后科学基金会、中国科学院、科学出版社等有关单位领导的大力支持，众多热心博士后事业的专家学者给予积极的建议，工作人员做了大量艰苦细致的工作。在此，我们一并表示感谢！

《博士后文库》编委会